羊茅属牧草种质资源描述规范和数据标准

Descriptors and Data Standard for Fescuc (*Festuca* Linn.)

全国畜牧总站　编著

中国农业出版社

图书在版编目（CIP）数据

羊茅属牧草种质资源描述规范和数据标准/全国畜牧总站编著.—北京：中国农业出版社，2014.6

ISBN 978-7-109-19225-6

Ⅰ.①羊…　Ⅱ.①全…　Ⅲ.①牧草－种质资源－描写－规范②牧草－种质资源－数据－标准　Ⅳ.①S540.24-65

中国版本图书馆CIP数据核字（2014）第109738号

中国农业出版社出版

（北京市朝阳区麦子店街18号楼）

（邮政编码100125）

责任编辑　赵　刚

中国农业出版社印刷厂印刷　　新华书店北京发行所发行

2014年6月第1版　　2014年6月北京第1次印刷

开本：850mm×1168mm　1/32　　印张：4.25

字数：85千字

定价：18.00元

《羊茅属牧草种质资源描述规范和数据标准》

编 写 委 员 会

主　编　袁庆华　贠旭江

副主编　李向林　洪　军

执笔人　袁庆华　贠旭江　李向林
洪　军　王　瑜　何　锋
陈志宏

审稿人　苏加楷　谷安琳　张文淑
毛培胜　戎郁萍

前　言

羊茅属（*Festuca* L.）也称狐茅属，隶属于禾木科（Gramineae），属于密丛或疏丛型多年生草本植物。羊茅属约有300种，中国有56种。羊茅属植物染色体有5个倍性水平，即：二倍体（2n＝14）、四倍体（2n＝28）、六倍体（2n＝42）、八倍体（2n＝56）、十倍体（2n＝70）。

羊茅属植物广泛分布于欧亚大陆的温带地区。生于海拔1000～5600m的高山草甸、草原、山坡草地、林下、灌丛及沙地。在中国多分布于西南、西北各地的高山地至亚高山地，东北、内蒙古草原和四川西部山地也有分布。

在20世纪20年代初英国、加拿大、美国开始栽培苇状羊茅，目前在北美东部湿润地区和西部干旱草原广泛种植。70年代以来，中国先后从澳大利亚、荷兰、加拿大、美国引进部分苇状羊茅品种，经在北京、河北、山东、山西、新疆等地区试种，普遍表现适应性强，生长繁茂，在中国北方暖温带的大部分地区及南方亚热带都能适应，是建立人工草场及改良天然草场非常有前途的草种。

羊茅属牧草为多年生，稀一年生。植株矮小或高大。叶条形，扁平或内卷。圆锥花序由含二至多数花的小穗组成，花轴的关节在颖之上及各花之间，顶花常发育不全。颖狭而尖，大小不等。外稃背圆，顶端有芒，或其裂齿间具芒或无芒。

羊茅属植物适应性强，能在多种气候与土壤条件下生长。抗寒又耐热，耐旱又耐湿。喜凉爽湿润气候。耐贫瘠，以沙质壤土生长良好。羊茅属植物由于叶基较高，不适宜单播用作草坪植物。通常利用其生活力强、生长迅速的特点，与其他草坪草植物混播，用作庭院、运动场及飞机场的绿化植物。

羊茅属牧草种植容易，但播种地必须翻耕耙碎整平，以利于种子出苗根系发育及幼苗生长。在翻地时最好施入有机肥作基肥。播种时间春夏均可，播种前要消灭田间杂草。种子芒长的应去芒后播，以保证播量准确、下种均匀。可采用条播和撒播，条播行距30cm，播种量8～30kg/hm^2。

目前中国中期库中保存羊茅属牧草种质材料共计233份，野生材料32份，引进材料199份，地方品种2份；中国长期库保存的羊茅属牧草种质材料187份，其中野生材料10份，引进材料167份，国内育成品种10份。作为温带及高寒区域的广泛分布种，我国羊茅属牧草种质资源的收集、保存、评价和利用都在进一步加强和完善。

规范标准是国家自然科技资源共享平台建设的基础，羊茅属牧草种质资源描述规范和数据标准的制定是国家牧草种质资源平台建设的重要内容。制定统一的羊茅属牧草种质资源规范标准，有利于整合全国羊茅属牧草种质资源，规范羊茅属牧草种质资源的收集、整理和保存等基础性工作，创造良好的资源和信息共享环境和条件；有利于保护和利用羊茅属牧草种质资源，充分挖掘其潜在的经济、社会和生态价值，促进全国羊茅属牧草种质资源研究的有序和高效发展。

羊茅属牧草种质资源描述规范规定了羊茅属牧草种质资源的描述符及其分级标准，以便对羊茅属牧草种质资源进行标准化整理和数字化表达。羊茅属牧草种质资源数据标准规定了羊茅属牧草种质资源各描述符的字段名称、类型、长度、小数位、代码等，以便建立统一、规范的羊茅属牧草种质资源数据库。羊茅属牧草种质资源数据质量控制规范规定了羊茅属牧草种质资源数据采集全过程中的质量控制内容和质量控制方法，以保证数据的系统性、可比性和可靠性。

《羊茅属牧草种质资源描述规范和数据标准》由中国农业科学院北京畜牧兽医研究所主持编写，并得到了全国牧草科研、教学和生产单位的大力支持。在编写过程中，参考了国内外文献，由于篇幅所限，书中仅列主要参考文献，在此一并致谢。由于编著者水平有限，错误和疏漏之处在所难免，恳请批评指正。

编著者

2014年4月15日

目　录

一、羊茅属牧草种质资源描述规范和数据标准制定的原则和方法

1 羊茅属牧草种质资源描述规范制定的原则和方法

1.1 原则

1.1.1 优先采用现有数据库中的描述符合描述标准。

1.1.2 以种质资源研究和育种需求为主，兼顾生产与市场需要。

1.1.3 立足中国现有基础，考虑将来发展，尽量与国际接轨。

1.2 方法和要求

1.2.1 描述符类别分为6类。

(1) 基本信息

(2) 形态特征和生物学特性

(3) 品质特性

(4) 抗逆性

(5) 抗病性

(6) 其他特征特性

1.2.2 描述符代号由描述符类别加两位顺序号组成，如“110”、“208”、“501”等。

1.2.3 描述符性质分为3类。

M 必选描述符（所有种质必须鉴定评价的描述符）

O　可选描述符（可选择鉴定评价的描述符）

C　条件描述符（只对特定种质进行鉴定评价的描述符）

1.2.4　描述符的代码应是有序的，如数量性状从细到粗、从低到高、从小到大、从少到多排列，颜色从浅到深，抗性从强到弱等。

1.2.5　每个描述符应有一个基本的定义或说明，数量性状应指明单位，质量性状应有评价标准和等级划分。

1.2.6　植物学形态描述符应附模式图。

1.2.7　重要数量性状应以数值表示。

2　羊茅属牧草种质资源数据标准制定的原则和方法

2.1　原则

2.1.1　数据标准中的描述符应与描述规范相一致。

2.1.2　数据标准应优先考虑现有数据库中的数据标准。

2.2　方法和要求

2.2.1　数据标准中的代号应与描述规范中的代号一致。

2.2.2　字段名最长12位。

2.2.3　字段类型分字符型（C）、数值型（N）和日期型（D）。日期型的格式为YYYYMMDD。

2.2.4　经度的类型为N,格式为DDDFFMM;纬度的类型为N,格式为DDFFMM,其中D为度,F为分,M为秒;东经以正数表示,西经以负数表示;北纬以正数表示,南纬以负数表示。例如,“1212515”代表东经121°25′15″,“－1020921”代表西经102°9′21″;“320820”代表北纬32°8′20″,“－254209”代表南纬25°42′9″。

3 羊茅属牧草种质资源数据质量控制规范制定的原则和方法

3.1 采集的数据应具有系统性、可比性和可靠性。

3.2 数据质量控制以过程控制为主，兼顾结果控制。

3.3 数据质量控制方法应具有可操作性。

3.4 鉴定评价方法以现行国家标准和行业标准为首选依据；如无国家标准和行业标准，则以国际标准或国内比较公认的先进方法为依据。

3.5 每个描述符的质量控制应包括田间设计，样本数或群体大小，时间或时期，取样数和取样方法，计量单位、精度和允许误差，采用的鉴定评价规范和标准，采用的仪器设备，性状的观测和等级划分方法，数据校验和数据分析。

二、羊茅属牧草种质资源描述简表

序号	代号	描述符	描述符性质	单位或代码
1	101	全国统一编号	M	
2	102	种质库编号	M	
3	103	种质圃编号	M	
4	104	引种号	C／国外种质	
5	105	采集号	C／野生资源或地方品种	
6	106	种质名称	M	
7	107	种质外文名	M	
8	108	科名	M	
9	109	属名	M	
10	110	学名	M	
11	111	原产国	M	
12	112	原产省	M	
13	113	原产地	M	
14	114	海拔	C／野生资源或地方品种	m
15	115	经度	C/野生资源或地方品种	
16	116	纬度	C／野生资源或地方品种	
17	117	来源地	M	

二、羊茅属牧草种质资源描述简表

（续）

序号	代号	描述符	描述符性质	单位或代码
18	118	保存单位	M	
19	119	保存单位编号	M	
20	120	系谱	C／选育品种或品系	
21	121	选育单位	C／选育品种或品系	
22	122	育成年份	C／选育品种或品系	
23	123	选育方法	C／选育品种或品系	
24	124	种质类型	M	1：野生资源 2：地方品种 3：选育品种 4：品系 5：遗传材料 6：其他
25	125	图象	M	
26	126	观测地点	M	
27	201	根系入土深度	O	cm
28	202	分蘖类型	M	1：密丛型 2：疏丛型
29	203	变态茎	M	0：无 1：短根茎
30	204	茎秆形态	M	1：直立 2：基部倾斜
31	205	叶舌质地	M	1：膜质 2：革质
32	206	叶舌被毛	O	0：无 1：有
33	207	叶舌形状	O	1：截平 2：披针形 3：折叠状
34	208	叶舌长度	O	mm
35	209	叶耳被毛	O	0：无 1：有
36	210	叶耳形态	M	1：镰状弯曲 2：向上直伸
37	211	叶鞘与节间比	M	1：短于节间 2：长于节间

（续）

序号	代号	描述符	描述符性质	单位或代码
38	212	叶鞘开合状态	M	1：开裂　2：闭合
39	213	叶鞘被毛	M	0：无　1：有
40	214	叶片形状	M	1：细条形　2：条形　2：条状披针形　4：针状
41	215	叶片形态	M	1：扁平　2：对折　3：纵卷
42	216	叶片被毛	O	0：无　1：有
43	217	叶片长度	M	cm
44	218	叶片宽度	M	mm
45	219	叶片颜色	M	1：黄绿色　2：绿色　3：深绿色
46	220	花序松紧度	M	1：疏松　2：紧实
47	221	花序形态	M	1：狭窄呈总状　2：紧实呈穗状　3：疏松开展
48	222	花序分枝	M	1：单生　2：孪生　3：2 枚以上
49	223	花序长度	M	cm
50	224	花序宽度	M	mm
51	225	小穗轴节间长	O	mm
52	226	小穗轴质地	O	1：平滑　2：微粗糙　3：粗糙
53	227	小穗长	M	mm
54	228	小穗宽	O	mm
55	229	小穗颜色	O	1：银白色　2：绿色　3：褐色　4：紫色
56	230	小花数	M	枚/小穗
57	231	颖形状	M	1：窄披针形　2：披针形　3：宽披针形　4：卵圆形
58	232	颖先端形态	M	1：稍钝　2：渐尖　3：长尖

二、羊茅属牧草种质资源描述简表

（续）

序号	代号	描述符	描述符性质	单位或代码
59	233	颖长度	M	mm
60	234	颖宽度	M	mm
61	235	颖脉数	M	条
62	236	颖被毛	M	0：无 1：有
63	237	颖片边缘质地	M	1：膜质 2：具纤毛
64	238	外稃先端形态	M	1：钝 2：锐尖 3：渐尖 4：尖头 5：具芒
65	239	外稃顶端芒	M	0：无 1：有
66	240	外稃顶端裂齿	M	0：无 1：有
67	241	外稃芒长度	O	mm
68	242	外稃质地	M	1：光滑 2：粗糙
69	243	外稃被毛	M	0：无 1：有
70	244	外稃长度	M	mm
71	245	内外稃长度比	O	1：等长 2：内稃稍短于外稃
72	246	内稃先端形态	O	1：2裂 2：微2裂 3：微凹
73	247	子房顶端被毛	M	0：无 1：有
74	248	花药长度	O	mm
75	249	颖果颜色	M	1：黄色 2：紫褐色
76	250	颖果形状	M	1：长圆形 2：条形
77	251	颖果着生位置	M	1：与内稃分离 2：附着于内稃
78	252	颖果长度	M	mm
79	253	颖果宽度	M	mm
80	254	形态一致性	O	1：一致 2：不一致
81	255	播种期	M	

（续）

序号	代号	描述符	描述符性质	单位或代码
82	256	出苗期	M	
83	257	返青期	M	
84	258	分蘖期	M	
85	259	拔节期	M	
86	260	抽穗期	M	
87	261	开花期	M	
88	262	乳熟期	M	
89	263	蜡熟期	M	
90	264	完熟期	M	
91	265	果后营养期	M	d
92	266	枯黄期	M	
93	267	分蘖数	O	个
94	268	叶层高度	M	cm
95	269	植株高度	M	cm
96	270	生育天数	M	d
97	271	熟性	O	1：早熟　2：晚熟
98	272	生长天数	M	d
99	273	再生性	O	cm/d
100	274	结实率	O	%
101	275	落粒性	O	1：不脱落　2：少量脱落　3：脱落
102	276	茎叶比	O	1∶X
103	277	鲜草产量	O	kg/hm^2
104	278	干草产量	O	kg/hm^2
105	279	干鲜比	O	%
106	280	单株干重	O	g/株

二、羊茅属牧草种质资源描述简表

（续）

序号	代号	描述符	描述符性质	单位或代码
107	281	种子产量	O	kg/hm^2
108	282	株龄	O	a
109	283	千粒重	M	g
110	284	发芽势	O	%
111	285	发芽率	M	%
112	286	种子生活力	O	%
113	287	种子检测时间	M	
114	301	水分含量	O	%
115	302	粗蛋白质含量	O	%
116	303	粗脂肪含量	O	%
117	304	粗纤维含量	O	%
118	305	无氮浸出物含量	O	%
119	306	粗灰分含量	O	%
120	307	磷含量	O	%
121	308	钙含量	O	%
122	309	天门冬氨酸含量	O	%
123	310	苏氨酸含量	O	%
124	311	丝氨酸含量	O	%
125	312	谷氨酸含量	O	%
125	313	脯氨酸含量	O	%
127	314	甘氨酸含量	O	%
128	315	丙氨酸含量	O	%
129	316	缬氨酸含量	O	%
130	317	胱氨酸含量	O	%

（续）

序号	代号	描述符	描述符性质	单位或代码
131	318	蛋氨酸含量	O	%
132	319	异亮氨酸含量	O	%
133	320	亮氨酸含量	O	%
134	321	酪氨酸含量	O	%
135	322	苯丙氨酸含量	O	%
136	323	赖氨酸含量	O	%
137	324	组氨酸含量	O	%
138	325	精氨酸含量	O	%
139	326	色氨酸含量	O	%
140	327	中性洗涤纤维含量	O	%
141	328	酸性洗涤纤维含量	O	%
142	329	样品分析单位	O	
143	330	茎叶质地	O	1：柔软　2：中等　3：粗硬
144	331	适口性	O	1：喜食　2：乐食　3：采食
145	332	病侵害度	M	1：无　3：轻微　5：中等　7：严重　9：极严重
146	333	虫侵害度	M	1：无　3：轻微　5：中等　7：严重　9：极严重
147	401	抗旱性	C	1：强　3：较强　5：中等　7：弱　9：最弱
148	402	抗寒性	C	1：强　3：较强　5：中等　7：弱　9：最弱
149	403	耐热性	C	1：强　3：较强　5：中等　7：弱　9：最弱
150	404	耐盐性	C	1：强　3：较强　5：中等　7：弱　9：最弱

二、羊茅属牧草种质资源描述简表

（续）

序号	代号	描述符	描述符性质	单位或代码
151	501	麦角病抗性	O	1：高抗　3：抗病　5：中抗　7：感病　9：高感
152	502	锈病抗性	O	1：高抗　3：抗病　5：中抗　7：感病　9：高感
153	503	白粉病抗性	O	1：高抗　3：抗病　5：中抗　7：感病　9：高感
154	504	黑粉病抗性	O	1：高抗　3：抗病　5：中抗　7：感病　9：高感
155	505	禾草斑枯病抗性	O	1：高抗　3：抗病　5：中抗　7：感病　9：高感
156	506	全蚀病抗性	O	1：高抗　3：抗病　5：中抗　7：感病　9：高感
157	601	染色体倍数	O	1：二倍体　2：四倍体　3：六倍体　4：八倍体　5：十倍体
158	602	核型	O	
159	603	指纹图谱与分子标记	O	
160	604	种质保存类型	M	1：种子　2：植株　3：花粉　4：DNA
161	605	实物状态	M	1：好　2：中　3：差
162	606	种质用途	O	1：饲用　2：育种材料　3：坪用
163	607	备注		

三、羊茅属牧草种质资源描述规范

1 范围

本规范规定了羊茅属牧草种质资源的描述符及其分级标准。

本规范适用于羊茅属牧草种质资源的收集、整理和保存，数据标准和数据质量控制规范的制定，以及数据库和信息共享网络系统的建立。

2 规范性引用文件

下列文件中的条款通过本规范的引用而成为本规范的条款。凡是注明日期的引用文件，其随后所有的修改单（不包括勘误的内容）或修订版均不适用于本规范，然而，鼓励根据本标准达成协议的各方研究是否可使用这些标准的最新版本。凡是不注明日期的引用文件，其最新版本适用于本规范。

ISO 3166　Codes for the Representation of Names of Countries

GB/T 2659　世界各国和地区名称代码

GB/T 2260　中华人民共和国行政区划代码

GB/T 12404　单位隶属关系代码

GB/T 2930　牧草种子检验规程

GB/T 6432　饲料中粗蛋白测定方法

GB/T 6433　饲料中粗脂肪测定方法
GB/T 6434　饲料中粗纤维测定方法
GB/T 6435　饲料水分的测定方法
GB/T 6436　饲料中钙的测定方法
GB/T 6437　饲料中总磷的测定分光光度法
GB/T 6438　饲料中粗灰分的测定方法
GB/T 18246　饲料中氨基酸的测定
GB/T 20806　饲料中中性洗涤纤维（NDF）的测定
GB/T 8170　数值修约规则
ISTA　国际种子检验规程

3　术语和定义

3.1　羊茅属牧草

禾本科（Gramineae），多年生草本植物。学名（*Festuca* L.），英文 Fescue，别名：狐茅属。羊茅属共有五个倍性水平，即二倍体（2n＝14）、四倍体（2n＝28）、六倍体（2n＝42）、八倍体（2n＝56）、十倍体（2n＝70）。

3.2　羊茅属牧草种质资源

羊茅属牧草种质资源是经过长期自然选择和人工培育而成的有生命的可再生自然资源。包括羊茅属牧草野生资源、地方品种、选育品种、品系、特殊遗传材料等。

3.3　基本信息

羊茅属牧草种质资源基本情况描述信息，包括全国统一编号、种质名称、学名、原产地、种质类型等。

3.4　形态特征和生物学特性

羊茅属牧草种质资源的植物学形态、物候期、产量性状等特征特性。

3.5 品质性状

羊茅属牧草种质资源的营养成分、质地和适口性。营养成分包括水分含量、粗蛋白质含量、粗脂肪含量、粗纤维含量、无氮浸出物含量、粗灰分含量、钙磷含量、氨基酸含量等；质地包括茎、叶柔软性等；适口性指牲畜对羊茅属的采食程度。

3.6 抗逆性

羊茅属牧草种质资源对各种非生物胁迫的适应或抵抗能力，包括抗旱性、抗寒性、耐热性、耐盐性等。

3.7 抗病性

羊茅属牧草种质资源对各种生物胁迫的适应或抵抗能力，包括麦角病、锈病、白粉病、黑粉病、禾草斑枯病和全蚀病等。

3.8 羊茅属的生育周期

分为出苗（返青）期、分蘖期、拔节期、抽穗期、开花期、乳熟期、蜡熟期、完熟期。从种子萌发后的幼苗露出地面达50%为出苗期。有50%的幼苗在茎的基部茎节上生长侧芽1cm以上为分蘖期。50%的植株在地面出现第一个茎节时为拔节期。50%植株的穗顶从上部叶鞘伸出而显露于外时为抽穗期。50%的植株开花为开花期。50%以上植株的籽粒内充满乳汁，并接近正常大小为乳熟期；50%以上植株籽粒的颜色接近正常，内具蜡状为蜡熟期；80%以上的籽粒坚硬为完熟期。

3.9 其他特征特性

凡未归入3.3至3.8中的羊茅属牧草种质资源的其他重

要基本特征和信息，包括羊茅属牧草种质的染色体倍数、核型、生化标记与分子标记等。

4 基本信息

4.1 全国统一编号

种质的唯一标志号，羊茅属牧草种质资源的全国统一编号由“CF”（代表“China Forage”的第一个字母）加 6 位顺序号组成。

4.2 种质库编号

羊茅属牧草种质在国家农作物种质资源长期库的编号，由“I7B”加 5 位顺序号组成。

4.3 种质圃编号

种质在国家多年生牧草圃和无性繁殖圃的编号。牧草圃种质编号为“GPMC”加 4 位顺序号组成。

4.4 引种号

羊茅属牧草种质从国外引入时赋予的编号。

4.5 采集号

羊茅属牧草种质在野外采集时赋予的编号。

4.6 种质名称

羊茅属牧草种质的中文名称。

4.7 种质外文名

国外引进种质的外文名或国内种质的汉语拼音名。

4.8 科名

禾本科（Gramineae）。

4.9 属名

羊茅属（*Festuca* L.）。

4.10 原产国

羊茅属牧草种质原产国家名称或地区名称。

4.11 原产省

国内羊茅属牧草种质的原产省份名称；国外引进种质原产国家一级行政区的名称。

4.12 原产地

国内羊茅属牧草种质的原产县、乡、村名称。

4.13 海拔

羊茅属牧草种质原产地的海拔，单位为m。

4.14 经度

羊茅属牧草种质原产地的经度，单位为（°）、（′）和（″）。格式为DDDFFMM，其中DDD为度，FF为分，MM为秒。

4.15 纬度

羊茅属牧草种质原产地的纬度，单位（°）、（′）和（″）。格式为DDFFMM，其中DD为度，FF为分，MM为秒。

4.16 来源地

国外引进羊茅属牧草种质的来源国家名称，地区名称或国际组织名称；国内种质的来源省、县名称。

4.17 保存单位

羊茅属牧草种质提交国家农作物种质资源长期库前的原保存单位名称。

4.18 保存单位编号

羊茅属牧草种质在原保存单位中的种质编号。

4.19 系谱

羊茅属牧草选育品种（系）的亲缘关系。

4.20 选育单位

选育羊茅属牧草品种（系）的单位名称或个人。

4.21 育成年份

羊茅属牧草品种（系）培育成功的年份。

4.22 选育方法

羊茅属牧草品种（系）的育种方法。

4.23 种质类型

羊茅属牧草种质类型分为 6 类。

1 野生资源

2 地方品种

3 选育品种

4 品系

5 遗传材料

6 其他

4.24 图象

羊茅属牧草种质的图象文件名。图象格式为 .jpg。

4.25 观测地点

羊茅属牧草种质形态特征和生物学特性观测地点的名称。

5 形态特征和生物学特性

5.1 根系入土深度

结实期，植株根系的入土深度，单位为 cm。

5.2 分蘖类型

开花期，分蘖节上产生新枝的类型（见图 1）。

1 密丛型

2 疏丛型

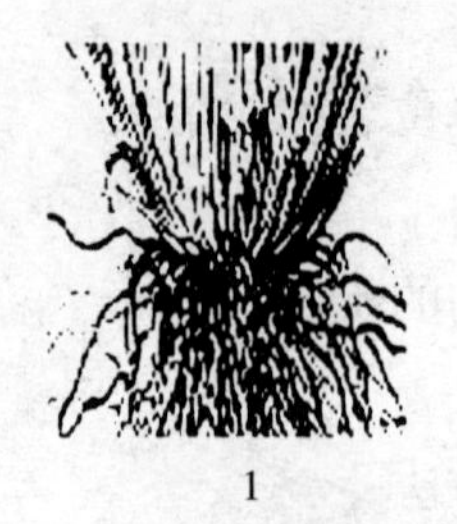

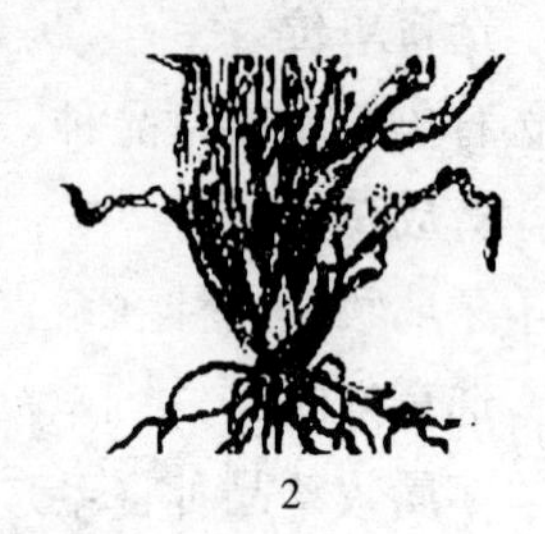

图 1　分蘖类型

5.3　变态茎

开花期，茎的变态类型。

1　无

2　短根茎

5.4　茎秆形态

开花期，植株茎秆的形态（见图 2）。

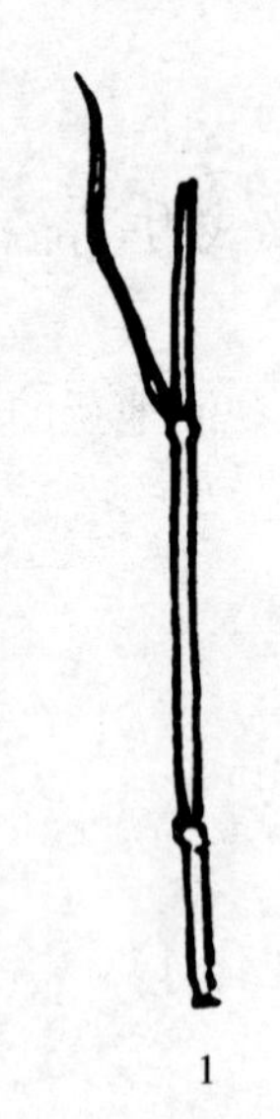

图 2　茎秆形态

1　直立

2　基部倾斜

5.5　叶舌质地

开花期，植株中部叶的叶舌质地。

1　膜质

2　革质

5.6　叶舌被毛

开花期，植株中部叶的叶舌是否被毛。

0　无

1　有

5.7　叶舌形状

开花期，植株中部叶的叶舌形状（见图 3）。

1　截平

2　披针形

3　折叠状

1　　2　　3

图 3　叶舌形状

5.8　叶舌长度

开花期，植株中部叶的叶舌长度。单位为 mm

5.9　叶耳被毛

开花期，植株中部叶的叶片基部叶耳上是否被毛。

0 无

1 有

5.10 叶耳形态

开花期，植株中部叶的叶耳的形态。

1 镰状弯曲

2 向上直伸

5.11 叶鞘与节间比

开花期，植株中部叶的叶鞘短于或长于节间。

1 短于节间

2 长于节间

5.12 叶鞘开合状态

开花期，植株中部叶的叶鞘是否开裂或闭合。

1 开裂

2 闭合

5.13 叶鞘被毛

开花期，植株中部叶的叶鞘毛的有无。

0 无

1 有

5.14 叶片形状

开花期，植株中部叶片的形状。

1 细条形

2 条形

3 条状披针形

4 针状

5.15 叶片形态

开花期，植株中部叶片的形态（见图 4）。

1　扁平

2　对折

3　纵卷

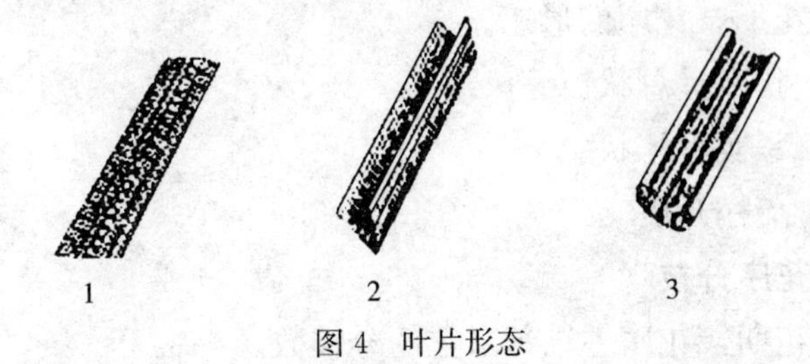

图 4　叶片形态

5.16　叶片被毛

开花期，植株中部叶片被毛的有无。

0　无

1　有

5.17　叶片长度

开花期，植株中部最大叶片基部至叶先端的绝对长度（见图 5）。单位为 cm。

5.18　叶片宽度

开花期，植株中部叶片最宽处的绝对长度（见图 5）。单位为 mm。

5.19　叶片颜色

开花期，植株叶片的颜色。

1　黄绿色

2　绿色

3　深绿色

5.20　花序松紧度

开花期，花序的松紧度。

1　疏松

2　紧实

5.21　花序形态

开花期，花序的形态。

1　狭窄呈总状

2　紧实呈穗状

3　疏松开展

5.22　花序分枝

开花期，花序主轴每节上的分枝数。

1　单生

2　孪生

3　2 枚以上

5.23　花序长度

开花期，花序的绝对长度（见图 6），单位为 cm。

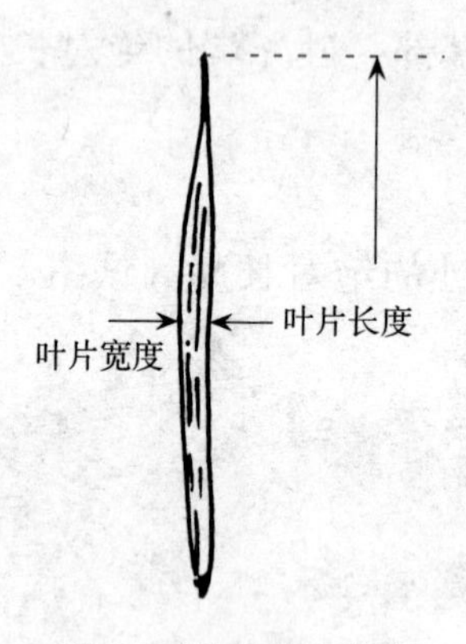

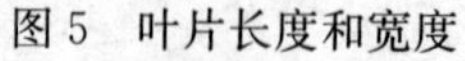

图 5　叶片长度和宽度

图 6　花序长度和宽度

5.24　花序宽度

开花期，花序的绝对宽度（见图 6），单位为 mm。

5.25　小穗轴节间长

开花期，花序中部小穗轴的节间长度。单位为 mm。

5.26　小穗轴质地

开花期，花序中部小穗轴的质地状态。

1　平滑

2　微粗糙

3　粗糙

5.27　小穗长

开花期，花序中部小穗的长度（见图 7），单位为 mm。

5.28　小穗宽

开花期，花序中部小穗的宽度（见图 7），单位为 mm。

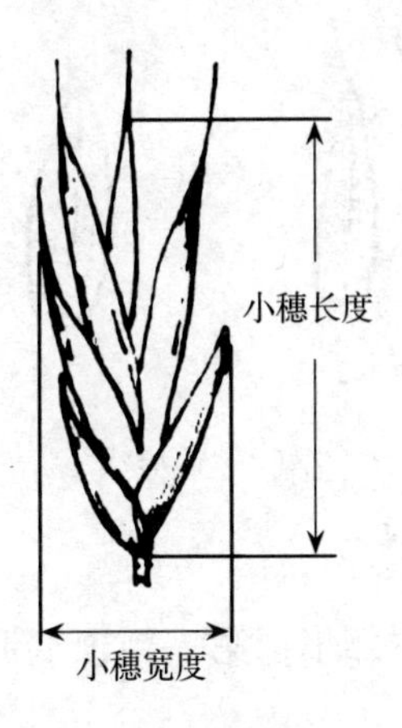

图 7　小穗长度和宽度

5.29　小穗颜色

开花期，花序中部小穗的颜色。

1　银白色

2　绿色

3　褐色

4　紫色

5.30　小花数

开花期，花序中部小穗所含小花的数量。单位为枚/小穗。

5.31　颖形状

开花期，花序中部小穗第一颖的形状（见图 8）。

1　窄披针形

2　披针形

3　宽披针形

4　卵圆形

1　2　3　4

图 8　颖形状

5.32　颖先端形态

开花期，花序中部小穗第一颖顶端形态。

1　稍钝

2　渐尖

3　长尖

5.33　颖长度

开花期，花序中部小穗第一颖的长度（见图 9）。单位为 mm。

5.34 颖宽度

开花期，花序中部小穗第一颖的宽度（见图 9）。单位为 mm。

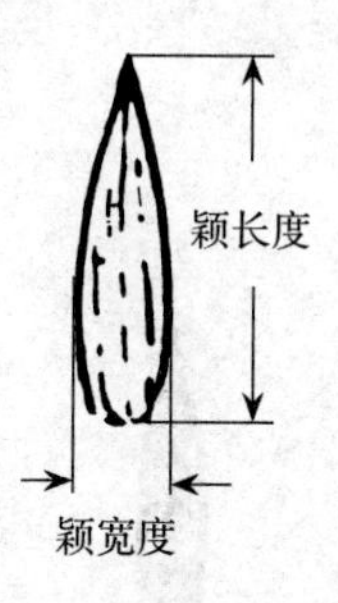

图 9 颖长度和颖宽度

5.35 颖脉数

开花期，花序中部小穗第一颖所具脉的数量。单位为条。

5.36 颖被毛

开花期，花序中部小穗第一颖上的被毛状况。

0 无

1 有

5.37 颖片边缘质地

开花期，花序中部小穗第一颖片边缘质地状况。

1 膜质

2 具纤毛

5.38 外稃先端形态

开花期，花序中部小穗第一外稃先端形态（见图 10）。

1 钝

2 锐尖

3 渐尖

4 尖头

5 具芒

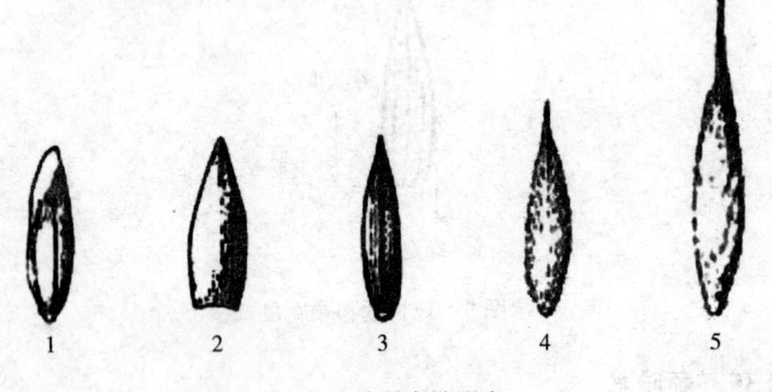

图 10 外稃先端形态

5.39 外稃顶端芒

开花期，花序中部小穗第一外稃先端芒的有无。

1 无

2 有

5.40 外稃顶端裂齿

开花期，花序中部小穗第一外稃先端有无裂齿。

1 无

2 有

5.41 外稃芒长度

开花期，花序中部小穗第一外稃上芒的长度（见图11）。单位为 mm。

5.42 外稃质地

开花期，花序中部小穗第一外稃被部质地。

1 光滑

2 粗糙

5.43 外稃被毛

开花期，花序中部小穗第一外稃上被毛的有无。

0 无

1 有

5.44 外稃长度

开花期，花序中部小穗第一外稃的长度（见图 11）。单位为 mm。

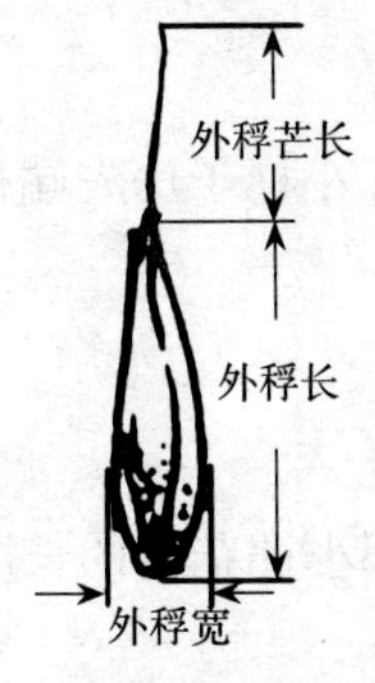

图 11 外稃长度和芒长度

5.45 内外稃长度比

开花期，花序中部小穗第一外稃与第一内稃长度比。

1 等长

2 内稃稍短于外稃

5.46 内稃先端形态

开花期，花序中部小穗第一内稃先端的形态（见图 12）。

1 2裂

2　微2裂

3　微凹

图12　内稃先端形态

5.47　子房顶端被毛

开花期，花序中部小穗子房先端被毛的有无。

0　无

1　有

5.48　花药长度

开花期，花序中部小穗花药的长度。单位为mm。

5.49　颖果颜色

完熟期，颖果的颜色。

1　黄色

2　紫褐色

5.50　颖果形状

完熟期，颖果的形状。

1　长圆形

2　条形

5.51　颖果着生位置

完熟期，颖果的着生位置。

1　与内稃分离

2　附着于内稃

5.52　颖果长度

完熟期，颖果的长度。单位为 mm。

5.53　颖果宽度

完熟期，颖果最宽处的长度。单位为 mm。

5.54　形态一致性

羊茅属牧草种质群体内，单株间的形态一致性。

1　一致

2　不一致

5.55　播种期

不同地区羊茅属适宜播种日期，以“年　月　日”表示，格式为“YYYYMMDD”。

5.56　出苗期

种子萌发出土的日期。鉴定的标准是在播种小区内有 50%的幼苗露出地面的时期。以“年　月　日”表示，格式“YYYYMMDD”。

5.57　返青期

50%的植株越冬或越夏以后，重新生长的时期。以“年　月　日”表示，格式“YYYYMMDD”。

5.58　分蘖期

50%的植株从分蘖节产生侧枝的时期。以“年　月　日”表示，格式“YYYYMMDD”。

5.59　拔节期

羊茅属牧草 50%的植株在地面出现第一个茎节的时期。以“年　月　日”表示，格式“YYYYMMDD”。

5.60　抽穗期

50%的植株花穗从顶部叶鞘伸出的时期。以“年　月　日”表示，格式“YYYYMMDD”。

5.61　开花期

50%的植株开花的时期。以“年　月　日”表示，格式“YYYYMMDD”。

5.62　乳熟期

羊茅属牧草种子发育早期，穗籽粒已形成并接近正常大小，淡绿色，内部充满乳白色液体，含水量在50%左右的日期。以“年　月　日”表示，格式“YYYYMMDD”。

5.63　蜡熟期

穗籽粒颜色接近正常，胚乳呈蜡质状，易被指甲划破，腹沟尚带绿色，含水量减少到25%～30%的日期。以“年　月　日”表示，格式“YYYYMMDD”。

5.64　完熟期

穗籽粒已接近种质所固有的形状、大小、颜色和硬度的日期。以“年　月　日”表示，格式“YYYYMMDD”。

5.65　果后营养期

牧草结实后，产生夏秋分蘖，呈现绿色生长的天数。单位为d。

5.66　枯黄期

50%的植株茎叶枯黄或者失去生活机能的时期。以“年　月　日”表示，格式“YYYYMMDD”。

5.67　分蘖数

植株分蘖而形成的地上枝条数。单位为个。

5.68　叶层高度

开花期，植株从地面到叶层分布最高点的自然高度。单位为 cm。

5.69 植株高度

开花期，植株从地表面到植株最高点的高度（不包括芒），单位为 cm。

5.70 生育天数

由春季返青到种子完全成熟的总天数。单位为 d。

5.71 熟性

羊茅属牧草种子成熟的早晚类型。

1 早熟

2 晚熟

5.72 生长天数

从返青期到枯黄期的总天数。单位为 d。

5.73 再生性

牧草被刈割或放牧利用后再生的能力。以平均每天的再生速度来表示。单位为 cm/d。

5.74 结实率

蜡熟期，单株植物中发育正常且成熟的颖果数占颖果（或小花）总数的百分比。以%表示。

5.75 落粒性

种子成熟后从其母株上自然脱落的程度。

1 不脱落

2 少量脱落

3 脱落

5.76 茎叶比

开花期，羊茅属牧草种质单株茎风干重与叶风干重之比，以1∶X表示。

5.77　鲜草产量

开花期，单位面积上的鲜草产量，单位为kg/hm^2。

5.78　干草产量

开花期，单位面积上的鲜草自然风干后的产量，单位为kg/hm^2。

5.79　干鲜比

开花期，单位面积鲜草自然风干后的重量占其鲜重的百分比。以%表示。

5.80　单株干重

开花期，羊茅属牧草种质单株鲜草的自然风干重。单位为g/株

5.81　种子产量

在单位面积上的种子产量，单位为kg/hm^2。

5.82　株龄

观测当年披碱草属牧草种质材料在试验小区中的生长年龄。单位为a。

5.83　千粒重

一定水分条件下1000粒完整种子的重量，单位用"g"表示。

5.84　发芽势

种子在发芽检测初期规定的天数内，正常发芽的种子数占供试种子数的百分比。以%表示。

5.85　发芽率

在实验室所控制的标准条件下，种子从始期到发芽终期，其全部正常发芽的种子数占供试种子数的百分比。以%

表示。

5.86 种子生活力

在一定条件下，种子具有发芽潜力或种子胚具有生命力的种子数占供试种子数的百分比。以%表示。

5.87 种子检测时间

检测种子发芽率或生活力的具体时间。以“年 月 日”表示，格式“YYYYMMDD”。

6 品质特性

6.1 水分含量

初花期，羊茅属牧草种质样品中水分所占的百分比，用%表示。

6.2 粗蛋白质含量

初花期，羊茅属牧草种质样品中粗蛋白质占其干物质的百分比，用%表示。

6.3 粗脂肪含量

初花期，羊茅属牧草种质样品中粗脂肪占其干物质的百分比，用%表示。

6.4 粗纤维含量

初花期，羊茅属牧草种质样品中粗纤维占其干物质的百分比，用%表示。

6.5 无氮浸出物含量

初花期，羊茅属牧草种质样品中无氮浸出物占其干物质的百分比，用%表示。

6.6 粗灰分含量

初花期，羊茅属牧草种质样品中粗灰分占其干物质的百分比，用%表示。

6.7 磷含量

初花期，羊茅属牧草种质样品中磷占其干物质的百分比，用%表示。

6.8 钙含量

初花期，羊茅属牧草种质样品中钙占其干物质的百分比，用%表示。

6.9 天门冬氨酸含量

初花期，羊茅属牧草种质样品中天门冬氨酸占其干物质的百分比，用%表示。

6.10 苏氨酸含量

初花期，羊茅属牧草种质样品中苏氨酸占其干物质的百分比，用%表示。

6.11 丝氨酸含量

初花期，羊茅属牧草种质样品中丝氨酸占其干物质的百分比，用%表示。

6.12 谷氨酸含量

初花期，羊茅属牧草种质样品中谷氨酸占其干物质的百分比，用%表示。

6.13 脯氨酸含量

初花期，羊茅属牧草种质样品中脯氨酸占其干物质的百分比，用%表示。

6.14 甘氨酸含量

初花期，羊茅属牧草种质样品中甘氨酸占其干物质的百分比，用%表示。

6.15 丙氨酸含量

初花期，羊茅属牧草种质样品中丙氨酸占其干物质的百分比，用%表示。

6.16 缬氨酸含量

初花期，羊茅属牧草种质样品中缬氨酸占其干物质的百分比，用%表示。

6.17 胱氨酸含量

初花期，羊茅属牧草种质样品中胱氨酸占其干物质的百分比，用%表示。

6.18 蛋氨酸含量

初花期，羊茅属牧草种质样品中蛋氨酸占其干物质的百分比，用%表示。

6.19 异亮氨酸含量

初花期，羊茅属牧草种质样品中异亮氨酸占其干物质的百分比，用%表示。

6.20 亮氨酸含量

初花期，羊茅属牧草种质样品中亮氨酸占其干物质的百分比，用%表示。

6.21 酪氨酸含量

初花期，羊茅属牧草种质样品中酪氨酸占其干物质的百分比，用%表示。

6.22 苯丙氨酸含量

初花期，羊茅属牧草种质样品中苯丙氨酸占其干物质的百分比，用%表示。

6.23 赖氨酸含量

初花期，羊茅属牧草种质样品中赖氨酸占其干物质的百分比，用%表示。

6.24　组氨酸含量

初花期，羊茅属牧草种质样品中组氨酸占其干物质的百分比，用%表示。

6.25　精氨酸含量

初花期，羊茅属牧草种质样品中精氨酸占其干物质的百分比，用%表示。

6.26　色氨酸含量

初花期，羊茅属牧草种质样品中色氨酸占其干物质的百分比，用%表示。

6.27　中性洗涤纤维含量

初花期，羊茅属牧草种质样品用中性洗涤剂处理后，所得的不溶残渣占干物质的百分比。用%表示。

6.28　酸性洗涤纤维含量

初花期，羊茅属牧草种质样品用酸性洗涤剂处理后，所得的不溶残渣占干物质的百分比。用%表示。

6.29　样品分析单位

样品分析单位名称全名。

6.30　茎叶质地

茎、叶青鲜时的柔软性。

1　柔软

2　中等

3　粗硬

6.31　适口性

牲畜对羊茅属牧草的采食程度。

1　喜食

2　乐食

3　采食

6.32　病侵害度

植株受病侵害的程度。

1　无

3　轻微

5　中等

7　严重

9　极严重

6.33　虫侵害度

植株受虫侵害的程度。

1　无

3　轻微

5　中等

7　严重

9　极严重

7　抗逆性

7.1　抗旱性

羊茅属牧草种质忍耐或抵抗干旱的能力。

1　强

3　较强

5　中等

7　弱

9　最弱

7.2　抗寒性

羊茅属牧草种质忍耐或抵抗低温或寒冷的能力。

1 强

3 较强

5 中等

7 弱

9 最弱

7.3 耐热性

羊茅属牧草种质忍耐或抵抗高温的能力。

1 强

3 较强

5 中等

7 弱

9 最弱

7.4 耐盐性

羊茅属牧草种质能忍耐或抵抗土壤盐分的能力。

1 强

3 较强

5 中等

7 弱

9 最弱

8 抗病性

8.1 麦角病抗性

羊茅属牧草植株对麦角病（*Claviceps purpurea*（Fr.）Tul.）的抗性强弱。

1 高抗（HR）

3 抗病（R）

5　中抗（MR）

7　感病（S）

9　高感（HS）

8.2　锈病抗性

羊茅属牧草植株对锈病（*Puccinia graminis* Pers.）的抗性强弱。

1　高抗（HR）

3　抗病（R）

5　中抗（MH）

7　感病（S）

9　高感（HS）

8.3　白粉病抗性

羊茅属牧草植株对白粉病（*Erysiphe graminis*）的抗性强弱。

1　高抗（HR）

3　抗病（R）

5　中抗（MH）

7　感病（S）

9　高感（HS）

8.4　黑粉病抗性

羊茅属牧草植株对黑粉病（*Urocystis agropyri* (Preuss.) Schrot.）的抗性强弱。

1　高抗（HR）

3　抗病（R）

5　中抗（MH）

7　感病（S）

9　高感（HS）

8.5　禾草斑枯病抗性

羊茅属植株对禾草斑枯病（*Septoria avenae* Frank）的抗性强弱。

1　高抗（HR）

3　抗病（R）

5　中抗（MH）

7　感病（S）

9　高感（HS）

8.6　禾草全蚀病抗性

羊茅属牧草植株对禾草全蚀病（*Ophiobolus graminis*（Sacc.）Hara）的抗性强弱。抗性分为5级。

1　高抗（HR）

3　抗病（R）

5　中抗（MR）

7　感病（S）

9　高感（HS）

9　其他特征特性

9.1　染色体倍数

羊茅属牧草种质染色体倍数。

1　二倍体

2　四倍体

3　六倍体

4　八倍体

5　十倍体

9.2　核型

羊茅属牧草染色体的数目、大小、形态和结构特征的核型公式。

9.3　指纹图谱与分子标记

羊茅属牧草种质指纹图谱和重要性状的分子标记类型及其特征参数。

9.4　种质保存类型

羊茅属牧草种质的保存类型。

1　种子

2　植株

3　花粉

4　DNA

9.5　实物状态

保存的羊茅属牧草种质的质量状况。

1　好

2　中

3　差

9.6　种质用途

羊茅属牧草种质的主要用途。

1　饲用

2　育种材料

3　坪用

9.7　备注

羊茅属牧草种质特殊描述符或特殊代码的具体说明。

四、羊茅属牧草种质资源数据标准

序号	代号	描述符	字段名	字段英文名	字段类型	字段长度	字段小数位	单位	代码	代码英文名	例子
1	101	全国统一编号	统一编号	Accession number	C	8					
2	102	种质库编号	库编号	Genebank number	C	8					
3	103	种质圃编号	圃编号	Nursery number	C	8					
4	104	引种号	引种号	Introduction number	C	8					80-30
5	105	采集号	采集号	Collection number	C	10					
6	106	种质名称	种质名称	Accession name	C	30					法恩

（续）

序号	代号	描述符	字段名	字段英文名	字段类型	字段长度	字段小数位	单位	代码	代码英文名	例子
7	107	种质外文名	种质外文名	Alien name	C	40					Fawn
8	108	科名	科名	Family	C	30					禾本科
9	109	属名	属名	Genus	C	40					羊茅属
10	110	学名	学名	Species	C	50					苇状羊茅
11	111	原产国	国家	Country of origin	C	16					美国
12	112	原产省	省	Province of origin	C	6					
13	113	原产地	原产地	Origin	C	20					农业部畜牧局转来我所
14	114	海拔	海拔	Elevation	N	5	0	m			
15	115	经度	经度	Longitude	N	6	0				
16	116	纬度	纬度	Latitude	N	5	0				

（续）

序号	代号	描述符	字段名	字段英文名	字段类型	字段长度	字段小数位	单位	代码	代码英文名	例子
17	117	来源地	来源地	Sample source	C	24					美国
18	118	保存单位	保存单位	Donor institute	C	40					中国农业科学院北京畜牧兽医研究所
19	119	保存单位编号	单位编号	Donor accession number	C	10					80-30
20	120	系谱	系谱	Pedigree	C	70					
21	121	选育单位	选育单位	Breeding institute	C	40					
22	122	育成年份	育成年份	Releasing year	N	4					
23	123	选育方法	选育方法	Breeding methods	C	20					

（续）

序号	代号	描述符	字段名	字段英文名	字段类型	字段长度	字段小数位	单位	代码	代码英文名	例子
24	124	种质类型	种质类型	Biological status of accession	C	8			1：野生资源 2：地方品种 3：选育品种 4：品系 5：遗传材料 6：其他	1：Wild 2：Traditional cultivar/Landrace 3：Advanced/improved cultivar 4：Breeding line 5：Genetic stocks 6：Other	其他
25	125	图象	图象	Image file name	C	30					80-30.jpg
26	126	观测地点	观测地点	Observation location	C	16					
27	201	根系入土深度	根系入土深度	Depth of roots	N	5	1	cm			
28	202	分蘖类型	分蘖类型	Type of tiller	C	8			1：密丛型 2：疏丛型	1：Strongly cespitose 2：Cespitose	密丛型

(续)

序号	代号	描述符	字段名	字段英文名	字段类型	字段长度	字段小数位	单位	代码	代码英文名	例子
29	203	变态茎	变态茎	Abnormal stem	C	6			1：无 2：短根茎	0：Absent 1：With short rhizome	无
30	204	茎秆形态	茎秆形态	Stem form	C	6			1：直立 2：基部倾斜	1：Erect 2：Ascendent at base	直立
31	205	叶舌质地	叶舌质地	Ligule texture	C	4			1：膜质 2：革质	1：Membranous 2：Coriaceous	膜质
32	206	叶舌被毛	叶舌被毛	Hair of Ligule	C	8			0：无 1：有	0：Absent 1：Present	无
33	207	叶舌形状	叶舌形状	Ligule shape	C	6			1：截平 2：披针形 3：折叠状	1：Truncate 2：Lanceolate 3：Folded	截平
34	208	叶舌长度	叶舌长度	Length of ligule	N	3	1	mm			0.5-1
35	209	叶耳被毛	叶耳被毛	Hair of auricle	C	2			0：无 1：有	0：Absent 1：Present	无

（续）

序号	代号	描述符	字段名	字段英文名	字段类型	字段长度	字段小数位	单位	代码	代码英文名	例子
36	210	叶耳形态	叶耳形态	Auricle form	C	14			1：镰状弯曲 2：向上直伸	1：Falcate 2：Unbent	镰状弯曲
37	211	叶鞘与节间比	叶鞘与节间比	Length comparison of sheath to internode	C	8			1：短于节间 2：长于节间	1：Shorter than internode 2：Longer than internode	长于节间
38	212	叶鞘开合状态	叶鞘开合状态	Close and open status of sheath	C	4			1：开裂 2：闭合	1：Open 2：Closed	开裂
39	213	叶鞘被毛	叶鞘被毛	Hair of sheath	C	2			0：无 1：有	0：Absent 1：Present	无
40	214	叶片形状	叶片形状	Blade shape	C	10			1：细条形 2：条形 3：条状披针形 4：针状	1：Fine-linear 2：Linear 3：Linear-lanceolate 4：Needle	条状披针形
41	215	叶片形态	叶片形态	Blade form	C	4			1：扁平 2：对折 3：纵卷	1：Flat 2：Folded 3：Involute	扁平

（续）

序号	代号	描述符	字段名	字段英文名	字段类型	字段长度	字段小数位	单位	代码	代码英文名	例子
42	216	叶片被毛	叶片被毛	Hair of blade	C	2			0：无 1：有	0：Absent 1：Present	无
43	217	叶片长度	叶片长度	Length of blade	N	4	1	cm			30.7
44	218	叶片宽度	叶片宽度	Width of blade	N	3	0	mm			0.88
45	219	叶片颜色	叶片颜色	Blade colour	C	6			1：黄绿色 2：绿色 3：深绿色	1：Yellowish green 2：Green 3：Dark green	深绿色
46	220	花序松紧度	花序松紧度	Inflorescence tightness	C	8			1：疏松 2：紧实	1：Loose 2：Tight	疏松
47	221	花序形态	花序形态	Inflorecence form	C	14			1：狭窄呈总状 2：紧实呈穗状 3：疏松开展	1：Narrow raceme 2：Compact spike 3：Dispersed inflorecence	狭窄呈总状

（续）

序号	代号	描述符	字段名	字段英文名	字段类型	字段长度	字段小数位	单位	代码	代码英文名	例子
48	222	花序分枝	花序分枝	Number of branches per rachis joint	C	4			1：单生 2：孪生 3：2枚以上	1：Single 2：Double 3：More than two	单生
49	223	花序长度	花序长度	Length of inflorescence	N	4	1	cm			28.7
50	224	花序宽度	花序宽度	Width of inflorescence	N	3	0	mm			13.2
51	225	小穗轴节间长	小穗轴节间长	Length of internote of rachis	N	3	1	mm			
52	226	小穗轴质地	小穗轴质地	Spikelet texture	C	6			1：平滑 2：微粗糙 3：粗糙	1：Smoothness 2：Slight granulation 3：Granulation	微粗糙
53	227	小穗长	小穗长	Length of spikelet	N	4	0	mm			10-13
54	228	小穗宽	小穗宽	Width of spikelet	N	3	0	mm			

（续）

序号	代号	描述符	字段名	字段英文名	字段类型	字段长度	字段小数位	单位	代码	代码英文名	例子
55	229	小穗颜色	小穗颜色	Colour of spikelet	C	6			1：银白色 2：绿色 3：褐色 4：紫色	1：Silvery 2：Green 3：Brown 4：White purple	绿色
56	230	小花数	小花数	Number of florets	N	2	0	枚/小穗			4-5
57	231	颖形状	颖形状	Glume shape	C	8			1：窄披针形 2：披针形 3：宽披针形 4：卵圆形	1：Linear-Lanceolate 2：lanceolate 3：Wide-lanceolate 4：Ovate	披针形
58	232	颖先端形态	颖顶端形态	The top of glume form	C	4			1：稍钝 2：渐尖 3：长尖	1：Slightlyobtuse 2：Gradually acute 3：Long acute	渐尖
59	233	颖长度	颖长度	Length of glume	N	4	1	mm			7.0
60	234	颖宽度	颖宽度	Width of glume	N	3	1	mm			

（续）

序号	代号	描述符	字段名	字段英文名	字段类型	字段长度	字段小数位	单位	代码	代码英文名	例子
61	235	颖脉数	颖脉数	Number of nerves on glume	N	1	0	条			1
62	236	颖被毛	颖被毛	Hair on glume	C	2			0：无 1：有	0：Absent 1：Present	无
63	237	颖片边缘质地	颖片边缘质地	The form of glume verge	N	6			1：膜质 2：具纤毛	1：Velum 2：By cilia	膜质
64	238	外稃先端形态	外稃先端形态	Form of lemma apex	C	4			1：钝 2：锐尖 3：渐尖 4：尖头 5：具芒	1：Obtuse 2：Keen 3：Gradualy acute 4：Acute 5：Awned	渐尖
65	239	外稃顶端芒	外稃顶端芒	Awn of lemma apex	C	2			0：无 1：有	0：Absent 1：Present	无芒
66	240	外稃顶端裂齿	外稃顶端裂齿	Split of lemma apex	C	2			0：无 1：有	0：Absent 1：Present	
67	241	外稃芒长度	外稃芒长度	Awn length of lemma	N	3	1	mm			

（续）

序号	代号	描述符	字段名	字段英文名	字段类型	字段长度	字段小数位	单位	代码	代码英文名	例子
68	242	外稃质地	外稃质地	Lemma texture	C	4			1：光滑 2：粗糙	1：Smooth 2：Rough	粗糙
69	243	外稃被毛	外稃被毛	Hair on lemma	C	2			0：无 1：有	0：Absent 1：Present	无
70	244	外稃长度	外稃长度	Length of lemma	N	4	1	mm			8.0
71	245	内外稃长度比	内外稃长度比	Pslea-lemma length ratio	C	14			1：等长 2：内稃稍短于外稃	1：Equal 2：Palea shorter than lemma	内稃稍短于外稃
72	246	内稃先端形态	内稃先端形态	Palea apex form	C	6			1：2 裂 2：微 2 裂 3：微凹	1：Dissillient 2：Slightly dissilient 3：Slightly conca ve	2 裂
73	247	子房顶端被毛	子房顶端被毛	Hair of ovary apex	C	4			0：无毛 1：有毛	0：Absent 1：Present	无毛
74	248	花药长度	花药长度	Length of anther	N	3	1	mm			2.5-4

（续）

序号	代号	描述符	字段名	字段英文名	字段类型	字段长度	字段小数位	单位	代码	代码英文名	例子
75	249	颖果颜色	颖果颜色	Caryopsis color	C	6			1：黄色 2：深褐色	1：Yellow 2：Dark brown	黄色
76	250	颖果形态	颖果形态	Caryopsis form	C	6			1：长圆形 2：条形	1：Oblong 2：Linear	长圆形
77	251	颖果着生位置	颖果着生位置	The location of caryopsis	N	10			1：与内稃分离 2：附着于内稃	1：Be separate from palea 2：Cling to palea	附着于内稃
78	252	颖果长度	颖果长度	Length of caryopsis	N	4	1	mm			5.3
79	253	颖果宽度	颖果宽度	Width of caryopsis	N	4	1	mm			1.5
80	254	形态一致性	形态一致性	Uniformity inmorphollogy	C	6			1：一致 2：不一致	1：Uniform 2：Variable	一致
81	255	播种期	播种期	Seeding-date	D	8					19800813
82	256	出苗期	出苗期	Emergence stage	D	8					19800823

（续）

序号	代号	描述符	字段名	字段英文名	字段类型	字段长度	字段小数位	单位	代码	代码英文名	例子
83	257	返青期	返青期	Green-up stage	D	8					19810327
84	258	分蘖期	分蘖期	Tillering stage	D	8					19810409
85	259	拔节期	拔节期	Jointing stage	D	8					19810428
86	260	抽穗期	抽穗期	Heading stage	D	8					19810511
87	261	开花期	开花期	Flowering stage	D	8					19810521
88	262	乳熟期	乳熟期	Milk stage	D	8					19810524
89	263	蜡熟期	蜡熟期	Dough stage	D	8					19810612
90	264	完熟期	完熟期	Full mature	D	8					19810621
91	265	果后营养期	果后营养期	Vegetative growth period after fruiting	N	3	0	d			19810709
92	266	枯黄期	枯黄期	Dormancy stage	D	8					19811210
93	267	分蘖数	分蘖数	Number of tillers	N	2	0	个			10-35

（续）

序号	代号	描述符	字段名	字段英文名	字段类型	字段长度	字段小数位	单位	代码	代码英文名	例子
94	268	叶层高度	叶层高度	Height of foliage	N	5	1	cm			30-80
95	269	植株高度	植株高度	Height of plant	N	5	1	cm			50-90
96	270	生育天数	生育天数	Green up to seed maturity	N	3	0	d			90
97	271	熟性	熟性	Maturity	C	4			1：早熟 2：晚熟	1：Early 2：Late	早熟
98	272	生长天数	生长天数	Green up to dormancy	N	3	0	d			263
99	273	再生性	再生性	Regrowth ability	N	10	1	cm/d			
100	274	结实率	结实率	Percentage of seed set	N	5	1	%			
101	275	落粒性	落粒性	Seed shattering	C	8			1：不脱落 2：少量脱落 3：脱落	1：No 2：Slightly 3：Yes	少量脱落

(续)

序号	代号	描述符	字段名	字段英文名	字段类型	字段长度	字段小数位	单位	代码	代码英文名	例子
102	276	茎叶比	茎叶比	Biomass ratio of stem to blade	N	4	2	1∶X			1∶0.46
103	277	鲜草产量	鲜草产量	Fresh yield	N	7	1	kg/hm^2			45300
104	278	干草产量	干草产量	Dry yield	N	7	1	kg/hm^2			16000
105	279	干鲜比	干鲜比	Ratio of dry weight to green weight	N	5	1	%			35.3
106	280	单株干重	单株干重	Dry weight per plant	N	6	1	g/株			
107	281	种子产量	种子产量	Seed yield	N	5	1	kg/hm^2			410
108	282	株龄	株龄	Plant age	N	4	0	a			
109	283	千粒重	千粒重	1000-seed weight	N	3	1	g			2.44
110	284	发芽势	发芽势	Germination energy	N	5	1	%			79

（续）

序号	代号	描述符	字段名	字段英文名	字段类型	字段长度	字段小数位	单位	代码	代码英文名	例子
111	285	发芽率	发芽率	Germination percentage	N	5	1	%			85
112	286	种子生活力	种子生活力	Seed viability	N	3	0	%			92
113	287	种子检测时间	种子检测时间	Date of seed testing	D	8					19810902
114	301	水分含量	水分	Water content	N	5	2	%			70.4
115	302	粗蛋白质含量	粗蛋白质	Crude protein content	N	5	2	%			15.2
116	303	粗脂肪含量	粗脂肪	Crude fat content	N	5	2	%			1.69
117	304	粗纤维含量	粗纤维	Crude fiber content	N	5	2	%			27.03

（续）

序号	代号	描述符	字段名	字段英文名	字段类型	字段长度	字段小数位	单位	代码	代码英文名	例子
118	305	无氮浸出物含量	无氮浸出物	Nitrogen-free extract content	N	5	2	%			45.27
119	306	粗灰分含量	粗灰分	Crude ash content	N	5	2	%			10.81
120	307	磷含量	磷	Phosphorus content	N	5	2	%			0.24
121	308	钙含量	钙	Calcium content	N	4	2	%			0.64
122	309	天门冬氨酸含量	天门冬氨酸	Aspartic acid content	N	4	2	%			0.41
123	310	苏氨酸含量	苏氨酸	Threonine content	N	4	2	%			0.18
124	311	丝氨酸含量	丝氨酸	Serine content	N	4	2	%			0.17

（续）

序号	代号	描述符	字段名	字段英文名	字段类型	字段长度	字段小数位	单位	代码	代码英文名	例子
125	312	谷氨酸含量	谷氨酸	Glutamic content	N	4	2	%			0.46
126	313	脯氨酸含量	脯氨酸	Proline content	N	4	2	%			0.31
127	314	甘氨酸含量	甘氨酸	Glycine content	N	4	2	%			0.20
128	315	丙氨酸含量	丙氨酸	Alanine content	N	4	2	%			0.26
129	316	缬氨酸含量	缬氨酸	Valine content	N	4	2	%			0.21
130	317	胱氨酸含量	胱氨酸	Cystine content	N	4	2	%			0.05
131	318	蛋氨酸含量	蛋氨酸	Methionine content	N	4	2	%			0.03

（续）

序号	代号	描述符	字段名	字段英文名	字段类型	字段长度	字段小数位	单位	代码	代码英文名	例子
132	319	异亮氨酸含量	异亮氨酸	Isleucine content	N	4	2	%			0.15
133	320	亮氨酸含量	亮氨酸	Leucine content	N	4	2	%			0.30
134	321	酪氨酸含量	酪氨酸	Tyrosine content	N	4	2	%			0.11
135	322	苯丙氨酸含量	苯丙氨酸	Phenylalanine content	N	4	2	%			0.20
136	323	赖氨酸含量	赖氨酸	Lysine content	N	4	2	%			0.22
137	324	组氨酸含量	组氨酸	Histidine content	N	4	2	%			0.07
138	325	精氨酸含量	精氨酸	Arginine content	N	4	2	%			0.20

（续）

序号	代号	描述符	字段名	字段英文名	字段类型	字段长度	字段小数位	单位	代码	代码英文名	例子
139	326	色氨酸含量	色氨酸	Tryptophan content	N	4	2	%			
140	327	中性洗涤纤维含量	中性洗涤纤维	Neutral detergent fiber content	N	4	2	%			
141	328	酸性洗涤纤维含量	酸性洗涤纤维	Acid detergent fiber content	N	4	2	%			
142	329	样品分析单位	样品分析单位	Institute of sample analyzed	C	40					中国农业科学院北京畜牧兽医研究所
143	330	茎叶质地	茎叶质地	Texture of stem and leaf	C	4			1：柔软 2：中等 3：粗硬	1：Soft 2：Moderate 3：Coarse	柔软

（续）

序号	代号	描述符	字段名	字段英文名	字段类型	字段长度	字段小数位	单位	代码	代码英文名	例子
144	331	适口性	适口性	Palatability	C	4			1：喜食 2：乐食 3：采食	1：High 2：Medium 3：Low	乐食
145	332	病侵害度	病害	Disease damage	C	6			1：无 3：轻微 5：中等 7：严重 9：极严重	1：None 3：Slight 5：Moderate 7：Severe 9：Very severe	
146	333	虫侵害度	虫害	Insect damage	C	6			1：无 3：轻微 5：中等 7：严重 9：极严重	1：None 3：Slight 5：Moderate 7：Severe 9：Very severe	
147	01	抗旱性	抗旱性	Tolerance to drought	C	4			1：强 3：较强 5：中等 7：弱 9：最弱	1：Very high 3：High 5：Medium 7：Low 9：Very low	强

（续）

序号	代号	描述符	字段名	字段英文名	字段类型	字段长度	字段小数位	单位	代码	代码英文名	例子
148	402	抗寒性	抗寒性	Winter hardiness	C	4			1：强 3：较强 5：中等 7：弱 9：最弱	1：Very high 3：High 5：Medium 7：Low 9：Very low	强
149	403	耐热性	耐热性	Tolerance to heat	C	4			1：强 3：较强 5：中等 7：弱 9：最弱	1：Very high 3：High 5：Medium 7：Low 9：Very low	强
150	404	耐盐性	耐盐性	Tolerance to salt	C	4			1：强 3：较强 5：中等 7：弱 9：最弱	1：Very high 3：High 5：Medium 7：Low 9：Very low	强

（续）

序号	代号	描述符	字段名	字段英文名	字段类型	字段长度	字段小数位	单位	代码	代码英文名	例子
151	501	麦角病抗性	麦角病抗性	Resistance to ergot	C	4			1:高抗(HR) 3:抗病(R) 5:中抗(MR) 7:感病(S) 9:高感(HS)	1：Highly resistant 3：Resistant 5：Moderately resistant 7：Susceptible 9：Highly susceptible	抗病
152	502	锈病抗性	锈病抗性	Resistance to rust	C	4			1:高抗(HR) 3:抗病(R) 5:中抗(MR) 7:感病(S) 9:高感(HS)	1：Highly resistant 3：Resistant 5：Moderately resistant 7：Susceptible 9：Highly susceptible	中抗

（续）

序号	代号	描述符	字段名	字段英文名	字段类型	字段长度	字段小数位	单位	代码	代码英文名	例子
153	503	白粉病抗性	白粉病抗性	Resistance to powdery mildew	C	4			1:高抗(HR) 3:抗病(R) 5:中抗(MR) 7:感病(S) 9:高感(HS)	1：Highly resistant 3：Resistant 5：Moderately resistant 7：Susceptible 9：Highly susceptible	抗病
154	504	黑粉病抗性	黑粉病抗性	Resistance to smut	C	4			1:高抗(HR) 3:抗病(R) 5:中抗(MR) 7:感病(S) 9:高感(HS)	1：Highly resistant 3：Resistant 5：Moderately resistant 7：Susceptible 9：Highly susceptible	抗病

（续）

序号	代号	描述符	字段名	字段英文名	字段类型	字段长度	字段小数位	单位	代码	代码英文名	例子
155	505	禾草斑枯病抗性	禾草斑枯病抗性	Resistance to spot blight	C	4			1:高抗(HR) 3:抗病(R) 5:中抗(MR) 7:感病(S) 9:高感(HS)	1:Highly resistant 3:Resistant 5: Moderately resistant 7:Susceptible 9:Highly susceptible	抗病
156	506	全蚀病抗生	全蚀病抗生	Resistance to take-all patch	C	4			1:高抗(HR) 3:抗病(R) 5:中抗(MR) 7:感病(S) 9:高感(HS)	1:Highly resistant 3:Resistant 5: Moderately resistant 7:Susceptible 9:Highly susceptible	抗病
157	601	染色体倍数	染色体倍数	Ploidy of chromosome	C	6			1：二倍体 2：四倍体 3：六倍体 4：八倍体 5：十倍体	1：Diploid 2：Tetraploid 3：Hexaploid 4：Octoploid 5：Decaploid	二倍体

（续）

序号	代号	描述符	字段名	字段英文名	字段类型	字段长度	字段小数位	单位	代码	代码英文名	例子
158	602	核型	核型	Karyotype	C	20					2n=
159	603	指纹图谱与分子标记	分子标记	Finger printing and molecular marker	C	40					
160	604	种质保存类型	种质保存类型	Germplasm preservation types	C	4			1：种子 2：植株 3：花粉 4：DNA	1：Seed 2：Plant 3：Pollen 4：DNA	种子
161	605	实物状态	实物状态	Quality of sample	C	2			1：好 2：中 3：差	1：Good 2：Fair 3：Poor	好
162	606	种质用途	种质用途	Germplasm use	C	8			1：饲用 2：育种材料 3：坪用	1:Forage 2:Breeding material 3:Turf	饲用
163	607	备注	备注	Remarks	C	30					

五、羊茅属牧草种质资源数据质量控制规范

1 范围

本标准规定了羊茅属牧草种质资源数据采集过程中的质量控制内容和方法。

本标准适用于羊茅属牧草种质资源的整理、整合和共享。

2 规范性引用文件

下列文件中的条款通过本标准的引用而成为本规范的条款。凡是注明日期的引用文件，其随后所有的修改单（不包括勘误的内容）或修订版均不适用于本规范，然而，鼓励根据本标准达成协议的各方研究是否可使用这些标准的最新版本。凡是不注明日期的引用文件，其最新版本适用于本规范。

ISO 3166　Codes for the Representation of Names of Countries

GB/T 2659　世界各国和地区名称代码

GB/T 2260　中华人民共和国行政区划代码

GB/T 12404　单位隶属关系代码

GB/T 2930　牧草种子检验规程

GB/T 6432　饲料中粗蛋白测定方法
GB/T 6433　饲料中粗脂肪测定方法
GB/T 6434　饲料中粗纤维测定方法
GB/T 6435　饲料水分的测定方法
GB/T 6436　饲料中钙的测定方法
GB/T 6437　饲料中总磷的测定分光光度法
GB/T 6438　饲料中粗灰分的测定方法
GB/T 18246　饲料中氨基酸的测定
GB/T 20806　饲料中中性洗涤纤维（NDF）的测定
GB/T 8170　数值修约规则
ISTA　国际种子检验规程

3　数据质量控制的基本方法

3.1　形态特征和生物学特性观测试验设计

3.1.1　试验地点

试验地点的环境条件应能够满足羊茅属牧草植株的正常生长及其性状的正常表达。

3.1.2　田间设计

羊茅属牧草植株在春、夏、秋都可以播种。试验小区为 $10m^2$（2m×5m），随机区组排列，条播，行距 30cm，播种不宜过深，以 2cm 为宜。播种量为每公顷 15～22.5kg。重复 3 次，试验地周围应设保护行或保护区。

3.1.3　栽培环境条件控制

试验地土质应有当地代表性，肥力均匀，试验地要远离污染、无人畜侵扰、附近无高大建筑物。试验地的栽培管理与大田生产基本相同，采用相同水肥管理，及时防治病虫害，保证幼苗和植株的正常生长，要注意中耕除草，要适时进行灌溉，夏末松土结合施肥。种子收获不宜过迟。

3.2 数据采集

形态特征和生物学特性观测试验原始数据的采集应在羊茅属牧草种质正常生长情况下获得。如遇自然灾害等因素严重影响植株正常生长，应重新进行观测试验和数据采集。

3.3 试验数据统计分析和校验

每份种质的形态特征和生物学特性观测数据依据对照品种进行校验。根据 2 年度以上的观测校验值，计算每份种质性状的平均值、变异系数和标准差，并进行方差分析，判断试验结果的稳定性和可靠性。取校验值的平均值作为该种质的性状值。

4 基本信息

4.1 全国统一编号

羊茅属牧草种质资源的全国统一编号由“CF”加 6 位顺序号组成的 8 位字符串，如“CF888666”。其中“CF”代表 China Forage，后 6 位数字代表具体羊茅属牧草种质的编号。全国编号具有唯一性。

4.2 种质库编号

种质库编号是由 I7B 加 5 位顺序号组成的 8 位字符串，如“I7B06778”。其中 I7B 代表国家农作物种质资源长期库中的牧草种质，后五位为顺序号，从“00001”到“99999”，代表具体羊茅属牧草种质的编号。只有已进入国家农作物种质资源长期库保存的种质才有种质库编号。每份种质有唯一的种质库编号。

4.3 种质圃编号

种质在国家多年生牧草圃和无性繁殖圃的编号。牧草圃编号为8位字符串，如“GPMC0152”，前4位“GPMC”为国家给牧草圃的代码，后4位为顺序号，代表具体牧草种质的编号。每份种质具有唯一的圃编号。

4.4 引种号

引种号是由年份加4位顺序号组成的8位字符串，如“19940024”，前四位表示种质从境外引进年份，后四位为顺序号，从“0001”到“9999”。每份引进种质具有唯一的引种号。

4.5 采集号

羊茅属牧草种质资源在野外采集时赋予的编号，一般由年份加2位省份代码加顺序号组成。

4.6 种质名称

国内种质的原始名称和国外引进种质的中文译名，如果有多个名称，可以放在英文括号内。用英文逗号分隔，如“种质名称1（种质名称2，种质名称3)”；国外引进种质如果没有中文译名，可以直接填写种质的外文名。

4.7 种质外文名

国外引进种质的外文名和国内种质的汉语拼音名。每个汉字的汉语拼音之间空一格，每个汉字汉语拼音的首字母大写，如“Wei Zhuang Yang Mao”。国外引进种质的外文名应注意大小写和空格。

4.8 科名

科名由拉丁名加英文括号内的中文名组成，如“Gramineae（禾本科)”。

4.9　属名

羊茅属牧草种质资源在植物分类学上所属属的中文名和拉丁名。如羊茅属（*Fesuica* L.）。引进种质如果没有中文名，可空缺。

4.10　学名

羊茅属牧草种质资源在植物分类学上的种、亚种或变种的拉丁名全称。如羊茅的学名为“*Festuca ovina* L.”。学名首先应以《中国植物志》为准，其次以地方植物志为准。凡《中国植物志》及地方植物志中未包含的种，以国际植物学界的权威性专著或专论中所用的名称为准。

4.11　原产国

羊茅属牧草种质资源原产国家名称或地区名称。国家和地区名称参照 ISO 3166 和 GB/T2659，如该国家已不存在，应在原国家名称前加“前”，如“前苏联”。

4.12　原产省

羊茅属牧草种质原产省份，省份名称参照 GB/T 2260。国外引进种质原产省用原产国家一级行政区的名称。

4.13　原产地

羊茅属牧草种质资源的原产县（县级市、区）、乡（镇）、村名称。县（县级市）名参照 GB/T 2260。

4.14　海拔

羊茅属牧草种质资源原产地具体生长地点的海拔高度，单位为 m。

4.15　经度

羊茅属牧草种质资源原产地的经度，单位为度、分和秒。格式为 DDDFFMM，其中 DDD 为度，FF 为分，MM

为秒。东经为正值，西经为负值，例如，“1212512”代表东经121°25′12″，“-1020921”代表西经102°9′21″。

4.16 纬度

羊茅属牧草种质资源原产地的纬度，单位为度、分和秒。格式为DDFFMM，其中DD为度，FF为分，MM为秒。北纬为正值，南纬为负值，例如，“320803”代表北纬32°8′3″，“-254206”代表南纬25°42′6″。

4.17 来源地

国内羊茅属牧草种质资源的来源省和县名称，省和县名称参照GB/T 2260。国外引进种质的来源国家、地区名称或国际组织名称。国家、地区和国际组织名称同4.11，国际组织名称用该组织的英文缩写，如“IPGRI”（国际植物遗传资源研究所）。

4.18 保存单位

羊茅属牧草种质资源提交国家农作物种质资源长期保存库（圃）保存前的单位名称。单位名称应写全称，例如“中国农业科学院北京畜牧兽医研究所”。

4.19 保存单位编号

羊茅属牧草种质资源在原保存单位中的种质编号。保存单位编号在同一保存单位应具有唯一性。

4.20 系谱

羊茅属牧草选育品种（系）的亲缘关系。

4.21 选育单位

选育羊茅属牧草品种（系）的单位名称或个人。单位名称应写全称，例如“中国农业科学院北京畜牧兽医研究所”。

4.22　育成年份

羊茅属牧草品种（系）通过品种审定的年份。例如“1980”、“2002”等。

4.23　选育方法

羊茅属牧草品种（系）的育种方法。例如“系选”、“杂交”、“辐射”等。

4.24　种质类型

羊茅属牧草种质资源的类型，分为6类。

1　野生资源

2　地方品种

3　选育品种

4　品系

5　遗传材料

6　其他

4.25　图象

羊茅属牧草种质资源的图象文件名，图象格式为.jpg。图象文件名由统一编号加半连号“－”加序号加“.jpg”组成。如有多个图象文件，图象文件名用英文分号分隔，如“CF000289－1.jpg；CF000289－2.jpg”。图象对象主要包括植株、花、穗、种子、特异性状等。图象要清晰，对象要突出。

4.26　观测地点

羊茅属牧草种质资源形态特征和生物学特性的观测地点，记录到省和县名，如“河北保定”。

5　形态特征和生物学特性

5.1　根系入土深度

试验结束时测定。在试验小区内随机抽取植株10株，采用土层剖面法，测量由土表到根系末端的深度。单位为cm，精确到0.1cm。

5.2　分蘖类型

在植株的开花期，从试验小区随机取样10株（丛），采用目测的方法，观测地表和地下分蘖枝条及不定根的生长情况。参照分蘖类型模式图及下列说明，确定分蘖类型。

1　密丛型（分蘖节极短，生长出的枝条彼此紧贴，几乎垂直于地面向上生长。枝条和不定根从地表附近的茎节上形成）

2　疏丛型（分蘖节较短，枝条以锐角形式伸出地面。枝条和不定根从地下的茎节上形成）

5.3　变态茎

在植株的开花期，从试验小区随机取样10株（丛），采用目测的方法，观测地表、地上或地下是否具有变态茎。

0　无

1　短根茎（生于地下具不定根的茎）

5.4　茎秆形态

在植株的开花期，以全小区为调查对象，采用目测的方法，观测茎秆形态。参照茎秆形态模式图及下列说明，确定茎秆形态。

1　直立（茎秆垂直于地面生长）

2　基部倾斜（茎秆基部偏斜生长，后为直立生长）

5.5 叶舌质地

在植株的开花期，从试验小区随机取样10株（丛），采用目测的方法，观测植株茎中部叶的叶舌质地。

1 膜质

2 革质

5.6 叶舌被毛

在植株的开花期，从试验小区随机取样10株（丛），采用目测的方法，观测植株茎中部叶的叶舌是否有被毛。

0 无

1 有

5.7 叶舌形状

在植株的开花期，从试验小区随机取样10株（丛），采用目测的方法，观测植株茎中部叶在未撕裂的情况下叶舌形状。参照叶舌形状模式图，确定叶舌形状。

1 截平

3 披针形

4 折叠状

5.8 叶舌长度

在植株的开花期，从试验小区随机取样10株（丛），分别测量每一植株中部叶的叶舌长度。单位为mm，精确到0.1mm。

5.9 叶耳被毛

在植株的开花期，从试验小区随机取样10株（丛），采用目测的方法，观测植株茎中部叶的叶耳是否具毛。

0 无

1 有

5.10　叶耳形态

在植株的开花期，从试验小区随机取样10株（丛），采用目测的方法，观测植株茎中部叶的叶耳形态。

1　镰状弯曲

2　向上直伸

5.11　叶鞘与节间比

在植株的开花期，从试验小区随机取样10株，观测植株中部叶鞘位于节间的部位。

1　短于节间（叶颈位于茎节以下）

2　长于节间（叶颈位于茎节之上）

5.12　叶鞘开合状态

在植株的开花期，从试验小区随机取样10株（丛），采用目测的方法，观测植株中部的叶鞘上端开合状态。以相同叶鞘闭合状态的植株达到70%为准。

1　开裂（叶鞘上端疏松、敞开）

2　闭合（叶鞘自下而上紧密裹茎）

5.13　叶鞘被毛

花期用目测法判断。在试验小区内随机抽取开花的植株10株，观测植株中部叶鞘是否有被毛。

0　无

1　有

5.14　叶片形状

在植株的开花期，从试验小区随机取样10株（丛），采用目测的方法，观测茎中部的叶片形状。

参照叶片形状模式图及下列说明，确定叶片形状。

1　细条形

2　条形

3　条状披针形

4　针状

5.15　叶片形态

花期用目测法判断。在试验小区内随机抽取开花的植株10株，观测茎中部的叶片形态。参照叶片形态模式图及下列说明，确定叶片形态。

1　扁平（叶片完全平展）

2　对折（叶片呈V字形对折）

3　纵卷（叶片明显内卷或旋卷成针状或细筒状）

5.16　叶片被毛

在植株的开花期，从试验小区随机取样10株（丛），采用目测的方法，观测茎中部的叶片正面是否被毛。

0　无（叶片表面光滑或粗糙）

1　有（叶片表面被密或稀疏的毛）

5.17　叶片长度

花期测定。在试验小区内随机抽取开花的植株10株，测量植株中部叶片从叶颈至叶尖的绝对长度。参照叶片长度和宽度示意图进行测量。单位为cm，精确到0.1cm。

5.18　叶片宽度

花期测定。在试验小区内随机抽取开花的植株10株，测量植株中部叶片最宽处的绝对长度。内卷或反卷的叶片要展开测量。参照叶片长度和宽度示意图进行测量。单位为mm，精确到整数位。

5.19　叶片颜色

花期用标准色卡目测判断。以全小区为调查对象，在正常一致的光照条件下观测叶片正面的颜色。按照最大相似原则进行判定。

1　黄绿色

2　绿色

3　深绿色

5.20　花序松紧度

花期用目测法判断。在试验小区内随机抽取开花的植株10株，观测植株花序松紧度。按照最大相似原则进行判定。

1　疏松

2　紧实

5.21　花序形态

花期用目测法判断。在试验小区内随机抽取开花的植株10株，观测花序整穗的形态。按照最大相似原则进行判定。

1　狭窄呈总状

2　紧实呈穗状

3　疏松开展

5.22　花序分枝

花期用目测法判断。在试验小区内随机抽取开花的植株10株，观测花序分枝后主穗轴每节着生的分枝数。按照最大相似原则进行判定。

1　单生

2　孪生

3　2枚以上

5.23　花序长度

花期测定。在试验小区内随机抽取开花的植株10株，测量花序从穗轴最基部至花序顶端的绝对长度。参照花序长度和宽度示意图进行测量。单位为 cm，精确到 0.1cm。

5.24　花序宽度

花期测定。在试验小区内随机抽取开花的植株 10 株，测量花序最宽处的绝对长度。参照花序长度和宽度示意图进行测量。单位为 mm，精确整数位。

5.25　小穗轴节间长

花期测定。在试验小区内随机抽取开花的植株 10 株，测量花序中部小穗轴的节间长度。单位为 mm，精确到 0.1mm。

5.26　小穗轴质地

花期测定。在试验小区内随机抽取开花的植株 10 株，采用目测法观测花序中部小穗轴的质地状况。按照最大相似原则进行判定。

1　粗糙

2　微粗糙

3　平滑

5.27　小穗长

花期测定。在试验小区内随机抽取开花的植株 10 株，测量花序中部小穗的长度。参照小穗长度和宽度示意图进行测量。单位为 mm，精确到整数位。

5.28　小穗宽

花期测定。在试验小区内随机抽取开花的植株 10 株，测量花序中部小穗的宽度。参照小穗长度和宽度示意图进行测量。单位为 mm，精确到整数位。

5.29　小穗颜色

花期用标准色卡目测判断。以全小区为调查对象，在正常一致的光照条件下观测穗状花序中部小穗的颜色。按照最大相似原则进行判定。

1 银白色

2 绿色

3 褐色

4 紫色

5.30 小花数

花期测定。在试验小区内随机抽取开花的植株 10 株，观测花序中部小穗所含有小花的数量。单位为枚/小穗。

5.31 颖形状

花期观测。在试验小区内随机抽取开花的植株 10 株，采用目测法，观测花序中部小穗第一颖的形状。参照颖形状模式图确定颖形状。

1 披针形

2 窄披针形

3 宽披针形

4 卵圆形

5.32 颖先端形态

在植株的开花期，从试验小区随机取样 10 株（丛），采用目测的方法，观测主穗轴中部或中部分枝的小穗第一颖片先端的形态。按照最大相似原则进行判定。

1 稍钝

2 渐尖

3 长尖

5.33 颖长度

花期测定。在试验小区内随机抽取开花的植株 10 株，测量花序中部小穗第一颖的长度。参照颖长度、宽度和颖芒长度示意图进行测量。单位为 mm，精确到 0.1mm。

5.34 颖宽度

花期测定。在试验小区内随机抽取开花的植株 10 株，测量花序中部小穗第一颖的长度。参照颖长度、宽度和颖芒长度示意图进行测量。单位为 mm，精确到 0.1mm。

5.35 颖脉数

在植株的花期，从试验小区内随机抽取开花的植株 10 株，测量花序中部小穗第一颖所具脉的数量。单位为条。

5.36 颖被毛

在植株的开花期，从试验小区随机取样 10 株（丛），采用目测的方法，观测花序中部小穗第一颖的背部、边缘、先端或基部是否被毛。

0 无

1 有

5.37 颖片边缘质地

花期测定。在试验小区内随机抽取开花的植株 10 株，采用目测的方法，观测花序中部小穗第一颖片边缘质地及是否具毛。按照最大相似原则进行判定。

1 膜质

2 具纤毛

5.38 外稃先端形态

在植株的开花期，从试验小区随机取样 10 株，采用目测的方法，观测花序中部或中部分枝的小穗第一外稃先端的形态。参照外稃先端形态模式图，确定外稃先端形态。

1 钝

2 锐尖

3 渐尖

4 尖头

5 具芒

5.39 外稃顶端芒

在植株的开花期，从试验小区随机取样 10 株，采用目测的方法，观测花序中部或中部分枝的小穗第一外稃是否具芒。

0 无

1 有

5.40 外稃顶端裂齿

在植株的开花期，从试验小区随机取样 10 株，采用目测的方法，观测花序中部或中部分枝的小穗第一外稃先端是否有裂齿。

0 无

1 有

5.41 外稃芒长度

花期测定。在试验小区内随机抽取开花的植株 10 株，测量花序中部小穗第一外稃上芒的绝对长度。参照外稃长度和外稃芒长度示意图进行测量。单位为 mm，精确到 0.1mm。

5.42 外稃质地

在植株的开花期，从试验小区随机取样 10 株，采用目测的方法，观测花序中部或中部分枝的小穗第一外稃质地的光滑和粗糙状况。

1 光滑

2　粗糙

5.43　外稃被毛

在植株的开花期，从试验小区随机取样10株，采用目测的方法，观测花序中部或中部分枝的小穗第一外稃上是否被毛。

0　无

1　有

5.44　外稃长度

花期测定。在试验小区内随机抽取开花的植株10株，测量花序中部小穗第一外稃的长度（不包括基盘）。参照外稃长度和外稃芒长度示意图进行测量。单位为mm，精确到0.1mm。

5.45　内外稃长度比

花期观测。在试验小区内随机抽取开花的植株10株，观测花序中部小穗第一内稃长度与第一外稃长度的比。

1　等长

2　内稃稍短于外稃

5.46　内稃先端形态

在植株的开花期，从试验小区随机取样10株，采用目测的方法，观测花序中部或中部分枝的小穗第一内稃先端的形态。参照内稃先端形态模式图，确定内稃先端形态。

1　2裂

2　微2裂

3　微凹

5.47　子房顶端被毛

在植株的开花期，从试验小区随机取样10株，采用目测的方法，观测花序中部或中部分枝的小穗子房顶端是否被毛。

0　无

1　有

5.48　花药长度

花期测定。在试验小区内随机抽取开花的植株 10 株，测量花序中部小穗第一小花花药的长度。单位为 mm，精确到 0.1mm。

5.49　颖果颜色

收获后，随机抽取成熟颖果 30 粒，观测颖果的颜色。按照最大相似原则进行判定。

1　黄色

2　深褐色

5.50　颖果形状

在种子完熟期，从试验小区随机取样 10 株（丛），采用目测的方法，观测颖果的形状。

1　长圆形

2　条形

5.51　颖果着生位置

在种子完熟期，从试验小区随机取样 10 株（丛），采用目测的方法，观测颖果的着生位置。

1　与内稃分离

2　附着于内稃

5.52　颖果长度

收获后，随机抽取成熟颖果 20 粒，利用放大投影仪或微标卡尺测量颖果最长处的长度。单位为 mm，精确到

0.1mm。

5.53 颖果宽度

收获后，随机抽取成熟颖果20粒，利用放大投影仪或微标卡尺测量颖果最宽处的长度。单位为mm，精确到0.1mm。

5.54 形态一致性

在羊茅属牧草种质生活第二、三年生长发育的不同时期，用目测法观测群体内主要形态性状。根据不同生育期观测的主要形态性状的表现，结合下列说明，确定种质形态一致性。

1 一致（大多数形态性状基本一致）

2 不一致（主要形态性状差异较大，而且能明显区分开来）

5.55 播种期

记录播种日期，以“年 月 日”表示，格式为“YYYYMMDD”。

5.56 出苗期

以全小区为调查对象，记录小区内50%的植株出苗的日期。在这一发育阶段（时期）来到之前及其通过之时，每天进行观察。以“年 月 日”表示，格式“YYYYMMDD”。

5.57 返青期

以全小区为调查对象，记录小区内50%的植株返青的日期。在这一发育阶段（时期）来到之前及其通过之时，每天进行观察。以“年 月 日”表示，格式“YYYYMMDD”。

5.58　分蘖期

以全小区为调查对象，记录小区内50%的植株分蘖的日期。在这一发育阶段（时期）来到之前及其通过之时，每天进行观察。以“年　月　日”表示，格式“YYYYMMDD”。

5.59　拔节期

以全小区为调查对象，记录小区内50%的植株拔节的日期。在这一发育阶段（时期）来到之前及其通过之时，每天进行观察。以“年　月　日”表示，格式“YYYYMMDD”。

5.60　抽穗期

以全小区为调查对象，记录小区内50%的植株抽穗的日期。在这一发育阶段（时期）来到之前及其通过之时，每天进行观察。以“年　月　日”表示，格式“YYYYMMDD”。

5.61　开花期

以全小区为调查对象，记录小区内50%的植株开花的日期。在这一发育阶段（时期）来到之前及其通过之时，每天进行观察。以“年　月　日”表示，格式“YYYYMMDD”

5.62　乳熟期

以全小区为调查对象，记录小区内50%的植株达到乳熟的日期。以“年　月　日”表示，格式“YYYYMMDD”。

5.63　蜡熟期

以全小区为调查对象，记录小区内50%的植株达到蜡熟的日期。以“年　月　日”表示，格式“YYYYMMDD”。

5.64　完熟期

以全小区为调查对象，记录小区内80%的植株达到完熟的日期。以“年　月　日”表示，格式“YYYYMMDD”。

5.65　果后营养期

以全小区为调查对象，记录观测小区内50%的植株结实后，植株保持绿色生长的总天数。单位为d。

5.66　枯黄期

以全小区为调查对象，记录观测小区内50%的植株茎叶枯黄或者失去生活机能的时期，在这一发育阶段（时期）来到之前及其通过之时，每天进行观察。以“年　月　日”表示，格式“YYYYMMDD”。

5.67　分蘖数

开花期采用随机取样法，在小区内选取3～5处地段，每处选5～8株，调查植株的分蘖数。单位为个，精确到整数位。

5.68　叶层高度

在植株的开花期，从试验小区随机取样10株，测量自地面到植株最上部叶片自然状态下的最高部位。单位为cm，精确到0.1cm。

5.69　植株高度

在植株的开花期，从试验小区随机取样10株，测量自地面到植株最高部位的高度（不包括芒），单位为cm，精确到0.1cm。

5.70 生育天数

记录植株从返青到成熟期的总天数。单位为 d，精确到整数位。

5.71 熟性

根据生育天数确定。

1 早熟（＜120d）

2 晚熟（＞120d）

5.72 生长天数

记录植株从返青期到枯黄期的总天数。单位为 d，精确到整数位。

5.73 再生性

测定方法：在 2～3 年株龄的植株抽穗期，从试验小区内随机抽样 10 株进行定株，然后刈割，记录刈割后的留茬高度，间隔适当时间（因地区而异）进行第二次刈割。刈割前测定单株株高。根据当地温度条件重复刈割 2～3 次。计算两次刈割之间单株的再生高度。换算为平均每天的再生速度，单位为 cm/d，精确到 0.1cm。

5.74 结实率

在种子蜡熟期，从试验小区内随机抽取结实植株 5 株，分别测定每一果穗的颖果（或小花）总数（包括不孕和发育不全者）和发育正常的颖果数。用以下公式计算单株（丛）羊茅属的结实率，取平均数。以%表示，精确到 0.1%。

$$FR\ (\%) = \frac{N_1}{N} \times 100$$

式中，FR——结实率，%；

N——每一果穗的颖果（或小花）总数；

N_1 ——每一果穗发育正常的颖果数。

5.75　落粒性

在种子完熟期，从试验小区随机取样 10 株，观察颖果从植株上散落的程度。以目测法分 3 级。

1　不脱落（有外力或阳光暴晒时不落粒）

2　少量脱落（有外力或阳光暴晒时少量种子脱落）

3　脱落（稍有外力脱落或边熟边落粒）

5.76　茎叶比

开花期测定。在试验小区内随机抽取开花的植株 10 株，分别齐地面剪下，将茎（含叶鞘）、叶（含花序）分开，待风干后分别称重，单位为 g，精确到 0.01g。称重后用以下公式计算单株牧草的茎叶比，取平均数。表示方法为：1：X，精确到 0.01。

$$X=\frac{W_l}{W_s}$$

式中，W_s——茎重，g；

W_l——叶重，g。

5.77　鲜草产量

在初花期测定，通常按随机排列法排列测产小区，测产小区面积通常 $10m^2$。采用样方法，面积为 $1m^2$，重复 3 次，样方应避开边行及密度不正常的地段。为防止水分散失，边割边称重。单位为 kg/hm^2，精确到 0.1kg。

5.78　干草产量

干草产量是在鲜草测产样品自然风干后称重。单位为 kg/hm^2，精确到 0.1kg。

5.79 干鲜比

由 5.77 和 5.78 所测得的牧草鲜重和风干后的重量计算得出。以%表示，精确到 0.1%。计算公式为：

$$X\ (\%) = \frac{W_h}{W_f}$$

式中，W_f——鲜重，g；

W_h——风干后的重量，g。

5.80 单株干重

在 2～3 年株龄的植株开花期，从试验小区内随机抽样 10 株，于地面 3cm 以上剪割，风干后称重，计算平均数。单位为 g/株，精确到 0.1g。

5.81 种子产量

在成熟期测定，通常按随机排列法排列测产小区，测产小区面积通常 $10m^2$。采用样方法，面积为 $1m^2$，重复 3 次，避开边行及密度不正常的地段测产。单位为 kg/hm^2，精确到 0.1kg。

5.82 株年龄

从播种、出苗的年份算起，至田间观测、采集上述形态特征和生物学特性数据的年份。单位为 a。

5.83 千粒重

在待测样品中进行随机取样，8 个重复，每个重复 100 粒种子，然后用感量为 0.000 1g 的电子天平进行测定，单位为 g，小数的位数应符合 GB/T2930.2 中表 1 的规定，将 8 个重复 100 粒的重量换算成 1000 粒种子的平均重量，即种子的千粒重。

待测样品应为新鲜的风干种子；种子不应有去芒去皮处

理；样品数量控制在150g以上。

5.84 发芽势

发芽势的数据采集是在进行种子发芽率检测初期进行，参照GB/T 2930标准所规定的天数，记录正常发芽的种子数占供试种子数的百分比。以%表示，精确到0.1%。发芽势的计算公式如下：

$$GE\ (\%) = \frac{N_1}{N} \times 100$$

式中，GE——发芽势，%；

N——供试种子数；

N_1——规定天数内全部正常发芽的种子数。

5.85 发芽率

按照GB/T 2930.4的规定操作，随机分取400粒种子，每100粒为1次重复，置于垫铺滤纸的培养皿中。每粒种子应保持一定距离，以减少相邻种子对种苗发育的影响和病菌的相互感染。注水一致，使种子充分吸水。盖好培养皿上盖，置于发芽箱中进行恒温或变温发芽，发芽床要始终保持湿润。

发芽观测时间一般为2周，首次记数在第5d开始，以后应每隔1～2d记数一次，记录符合规程标准的正常种苗。将明显死亡的腐烂种子取出并记数。末次记数时，分别记录所有正常种苗、不正常种苗、新鲜未发芽种子和死种子数。正常种苗的百分率为发芽率。然后计算4次重复的平均数，以%表示，精确到0.1%。如果4次重复的数值之间均未超出ISTA规定的最大容许误差，则结果是可靠的，4次重复的平均数即为该样品的发芽率。如果4次重复的数值之间超出上述规定，数值修约按照 GB/T 8170－1987 进行。发芽率计算公式如下：

$$GI\ (\%) = \frac{N_1}{N} \times 100$$

式中，GI——发芽率，%；

N——供试种子数；

N_1——发芽终期全部正常发芽的种子数。

5.86　种子生活力

羊茅属种子生活力的测定，按照 GB/T 2930.5 所规定的种子活力生物化学（四唑）测定方法进行，首先按 GB/T 2930.2 净度分析方法，从充分混合的净种子中，随机数取 100 粒种子，4 个重复，然后将种子完全浸入水中，进行染色前的预湿处理，然后染色，如果在 GB/T 2930.5 规定的染色浓度和时间内染色不完全，可延长染色时间，以便证实染色不理想是由于四唑盐类吸收缓慢，而不是由于种子内部缺陷所致，染色结束后立即进行鉴定，然后分别统计各重复中有活力的种子，计算平均值，以%表示，重复间最大容许误差不得超过 GB/T 2930.4 中表 B1 的规定，平均百分率按 GB/T 8170 修约至最接近的整数。

5.87　种子检测时间

记录检测种子发芽率或生活力的具体时间。以“年　月日”表示，格式“YYYYMMDD”。

6　品质特性

6.1　水分含量

开花期采样。新鲜样品准确称重至少1 000g。自然风干后称重，得出初水分含量，并按照国家标准 GB/T 6435 饲料水分的测定方法测定风干样品的吸附水含量，并计算出鲜样的水分含量，以%表示，精确到 0.01%。

6.2　粗蛋白质含量

以 6.1 水分含量测定后的样品干物质为测定样品，采用凯氏定氮法，按照国家标准 GB/T 6432 饲料中粗蛋白测定方法测定。以%表示，精确到 0.01%。

6.3　粗脂肪含量

以 6.1 水分含量测定后的样品干物质为测定样品，采用索氏浸提法，按照国家标准 BG/T 6433 饲料粗脂肪测定方法测定。以%表示，精确到 0.01%。

6.4　粗纤维含量

以 6.1 水分含量测定后的样品干物质为测定样品，采用酸、碱分次水解法，按照国家标准 GB/T 6434 饲料中粗纤维测定方法测定。以%表示，精确到 0.01%。

6.5　无氮浸出物含量

从 100%的干物质中中减去粗蛋白质、粗脂肪、粗纤维、粗灰分的百分含量之和，即为无氮浸出物含量。以%表示，精确到 0.01%。

6.6　粗灰分含量

以 6.1 水分含量测定后的样品干物质为测定样品，按照国家标准 GB/T 6438 饲料中粗灰分的测定方法测定。以%表示，精确到 0.01%。

6.7　磷含量

以 6.1 水分含量测定后的样品干物质为测定样品，按照国家标准 GB/T 6437 饲料中总磷的测定分光光度法测定。

以%表示，精确到0.01%。

6.8 钙含量

以6.1水分含量测定后的样品干物质为测定样品，按照国家标准GB/T 6436饲料中钙的测定方法测定，采用高锰酸钾法或乙二胺四乙酸二钠络合滴定法，以%表示，精确到0.01%。

6.9 天门冬氨酸含量

以6.1水分含量测定后的样品干物质为测定样品，测定方法按照国家标准GB/T 18246饲料中氨基酸的测定。以%表示，精确到0.01%。

6.10 苏氨酸含量

数据质量控制规范，同6.9。

6.11 丝氨酸含量

数据质量控制规范，同6.9。

6.12 谷氨酸含量

数据质量控制规范，同6.9。

6.13 脯氨酸含量

数据质量控制规范，同6.9。

6.14 甘氨酸含量

数据质量控制规范，同6.9。

6.15 丙氨酸含量

数据质量控制规范，同6.9。

6.16 缬氨酸含量

数据质量控制规范，同6.9。

6.17 胱氨酸含量

数据质量控制规范，同6.9。

6.18　蛋氨酸含量

数据质量控制规范，同6.9。

6.19　异亮氨酸含量

数据质量控制规范，同6.9。

6.20　亮氨酸含量

数据质量控制规范，同6.9。

6.21　酪氨酸含量

数据质量控制规范，同6.9。

6.22　苯丙氨酸含量

数据质量控制规范，同6.9。

6.23　赖氨酸含量

数据质量控制规范，同6.9。

6.24　组氨酸含量

数据质量控制规范，同6.9。

6.25　精氨酸含量

数据质量控制规范，同6.9。

6.26　色氨酸含量

以6.1水分含量测定后的样品干物质为测定样品，按照国家标准GB/T 18246饲料中氨基酸测定的要求，采用反相高效液相色谱（RP－HPLC）法测定。以%表示，精确到0.01%。

6.27　中性洗涤纤维含量

以6.1水分含量测定后的样品干物质为测定样品，按照国家标准GB/T 20806饲料中中性洗涤纤维（NDF）的测定方法测定。以%表示，精确到0.01%。

6.28　酸性洗涤纤维含量

以6.1水分含量测定后的样品干物质为测定样品，参照如下方法测定。以%表示，精确到0.01%。

仪器和试剂：恒温干燥箱、马福炉、干燥器、砂芯玻璃坩埚（20ml）、古氏坩埚（30～50ml）、抽滤装置、回流装置（250ml圆底烧瓶、30cm冷凝管），丙酮、十氢萘。

酸性洗涤剂：将10g十六烷基溴化铵溶于标定过的1000ml 0.500mol/L硫酸溶液。

酸性石棉：将20g石棉放入盛有170ml蒸馏水的烧杯中，加280ml浓硫酸，混匀，放置2h，冷却后用砂芯玻璃坩埚过滤，用水洗涤至中性，取出置于烘箱中干燥，在550～600℃马福炉中灼烧16h，冷却备用。

操作步骤：

准确称取样品1g，加入100ml酸性洗涤剂和2ml十氢化萘，装上冷凝管，置于电炉上，在5～10min内加热至沸，从沸腾算起回流60min。

将酸洗石棉放于100ml烧杯中，加约30ml蒸馏水，搅拌均匀，倒入古氏坩埚中，待水流尽，放入105℃烘箱中烘3h，取出置于干燥器中冷却30min，称重，直至恒重。将回流完毕的溶液连同残渣倒入已称至恒重的古氏坩埚中，抽滤，用热蒸馏水洗至近中性，再用丙酮洗涤至滤液无色。

将古氏坩埚取下，置于100～105℃烘箱中烘3h，然后取出放入干燥器中冷却30min，称重，直至恒重。

如果分析无灰酸性洗涤纤维，则须将古氏坩埚放入500～600℃马福炉中灼烧2h，稍冷后放入干燥器中冷却30min，称重，直至恒重。

结果计算：

$$ADF（\%）=\frac{w_2-w_1}{w}\times100$$

无灰酸性洗涤纤维　$ADF（\%）=\frac{w_2-w_3}{w}\times100$

式中，ADF——酸性洗涤纤维含量，%；

W_1——空坩埚重，g；

W_2——空坩埚重+酸性洗涤纤维重，g；

W_3——空坩埚重+灰分重，g；

W——样品重，g。

6.29　样品分析单位

样品分析单位名称的全名。

6.30　茎叶质地

在青鲜时用感观测试茎、叶的柔软性。按下列标准确定质地级别。

1　柔软（无刺无毛，手抓青草时柔软而无扎手的感觉）

2　中等（感观测试居于柔软和粗硬两者之间）

3　粗硬（秆硬叶糙，用手折断其茎秆和枝叶时难度大）

6.31　适口性

根据牲畜采食状况和下列说明，确定羊茅属牧草适口性等级。

1　喜食（一般情况下家畜都吃，适口性良好）

2　乐食（家畜经常采食，但不贪食喜爱，适口性中等）

3　采食（可以吃，但不太喜食，只有在上述植物没有的情况下才肯采食，适口性中下等）

6.32　病侵害度

以全小区为调查对象，在羊茅属牧草的整个生长期，观测植株感病的程度。

1　无（小区中植物健康生长，无任何植株感病）

3　轻微（小区中个别植株轻微感病）

5　中等（小区中部分植株轻微感病；或个别植株明显感病）

7　严重（小区中 1/2 以上的植株轻微感病；或 1/3 以下的植株明显感病）

9　极严重（小区中 1/3 以上的植株明显感病，且严重；或 1/3 以下的植株明显感病，且很严重）

6.33　虫侵害度

以全小区为调查对象，在羊茅属牧草的整个生长期，观测植株受虫害侵袭的程度。

1　无（小区中无任何植株受侵害）

3　轻微（小区中个别植株轻微受侵害）

5　中等（小区中部分植株轻微受侵害；或个别植株明显受侵害）

7　严重（小区中 1/2 以上的植株轻微受侵害；或 1/3 以下的植株明显受侵害）

9　极严重（小区中 1/3 以上的植株明显受侵害，且严重；或 1/3 以下的植株明显受侵害，且很严重）

7　抗逆性

7.1　抗旱性（参考方法）

羊茅属牧草种质材料抗旱性采用田间目测法和苗期鉴定法。

（1）田间目测法

每个观察材料要设 3 次重复，每重复小区面积为 20～40m²，在自然干旱或人工干旱条件下观察羊茅属牧草的抗旱表现。目测法估计干旱发生的程度，一般可分为五级。

1 强（干旱期间无旱灾征象，自然生长正常）

3 较强（植株上个别叶子发生轻度的萎蔫）

5 中（大部分植株的茎叶呈现萎蔫状态并有黄叶黄尖现象，但并未停止生长）

7 弱（大部分植株呈现萎蔫状态，停止生长，并有少量植株死亡）

9 最弱（全部植株萎蔫，小区内有 30％以上植株死亡）

（2）苗期鉴定法—复水法

①将羊茅属牧草种子播于装有 15cm 厚的中等肥力壤土的塑料箱（60cm×40cm×20cm）内。每个处理三次重复，每个重复 50 株苗（行距 6cm，株距 5cm），覆土 2cm，灌水至田间持水量的 85％±5％。在 20℃±5℃的温室条件下，每天日照 8～12h。

②第一次干旱胁迫—复水处理

幼苗长至三叶时停止供水，开始进行干旱胁迫。当土壤含水量降至田间持水量的 20％～15％时复水，使土壤水分达到田间持水量的 80％±5％。复水 120h 后调查存活苗数，以叶片变成鲜绿色者为存活。

③第二次干旱胁迫—复水处理

第一次复水后即停止供水，进行第二次干旱胁迫。当土壤含水量降至田间持水量的 20％～15％时，第二次复水，使土壤水分达到田间持水量的 80％±5％。120h 后调查存活苗数，以叶片变成鲜绿色者为存活。

④幼苗干旱存活率的实测值

计算公式：

$$DS=\frac{DS_1+DS_2}{2}$$

$$=\left(\frac{XDS_1}{XTT}\times 100+\frac{XDS_2}{XTT}\times 100\right)\times\frac{1}{2}$$

式中，DS——干旱存活率的实测值；

DS_1——第一次干旱存活率；

DS_2——第二次干旱存活率；

XTT——第一次干旱前三次重复总苗数的平均值；

XDS_1——第一次复水后三次重复存活苗数的平均值；

XDS_2——第二次复水后三次重复存活苗数的平均值。

⑤苗期抗旱性判定规则

根据反复干旱下苗期干旱存活率将羊茅属牧草种质材料抗旱性分为5级。分级标准如下：

1 强（干旱存活率≥70.0%）

3 较强（干旱存活率60.0%～69.9%）

5 中等（干旱存活率50.0%～59.9%）

7 弱（干旱存活率40.0%～49.9%）

9 最弱（干旱存活率≤39.9%）

7.2 抗寒性（参考方法）

羊茅属牧草抗寒性鉴定的方法和指标可采用田间目测法、盆栽幼苗冷冻法和电导法。

（1）田间目测法

田间试验应选在冬季最低气温多年平均值低于－14℃的地区进行，在早春季节调查越冬率。方法为：枯黄期在试验小区内避开边缘地段，随机选取 1m 样段，4 次重复，调查每一样段内的株丛数。翌年调查返青株丛数占原样段内株丛总数的百分率。

记录越冬的最低气温，根据各地区冬季温度条件的不同，将越冬率给以不同的分值：

越冬率	冬季最低气温		
	≤－22℃	－21℃～－18℃	－17℃～－14℃
＞95％	10	9	8
90％～95％	9	8	7
80％～89％	8	7	6
70％～79％	7	6	5
60％～69％	6	5	4
50％～59％	5	4	3
40％～49％	4	3	2
＜40％	3	2	1

参考上述分值，确定种质的抗寒性：

1　强（分值 9～10）

3　较强（分值 7～8）

5　中等（分值 5～6）

7　弱（分值 3～4）

9　最弱（分值 1～2）

（2）盆栽幼苗冷冻法

将种子播在装有草炭和蛭石（3∶1）的育苗盘内，育苗盘大小为 32cm×45cm×15cm，每份种质材料设 3 次重复，每个重复 20～30 株苗，株距 2.5cm，行距 6cm。置于人工气候室内育苗。出苗前温度 25℃，出苗后温度为白天 25～28℃，晚间 15～20℃，每天光照 16h，正常浇水。幼苗生长到 3～4 叶期或分蘖期时，置于低温条件下胁迫 7～10d。观察幼苗的冷害症状，比较不同材料在冷害处理后的植株的存活率，以此评价不同材料的抗寒性。根据植株的存活率，将抗寒性分为 5 级：

1　强（存活率大于 81%）

3　较强（存活率为 61%～80%）

5　中等（存活率为 41%～60%）

7　弱（存活率为 20%～40%）

9　最弱（存活率小于 20%）

（3）电导法

植株组织逐步受到零下低温胁迫后，细胞质膜受害逐步加重，透性发生变化，细胞内含物外渗，使浸提液电导率增高。活组织受害越重，离子外渗量越大，电导率也越高，表明植株抗寒性越弱，反之，越强。

①幼苗培养——采用沙基培养。试验种子用 5% 的 NaCl 消毒，播种在塑料培养筛（35cm×25cm×15cm，下有排水孔）中，播种深度 2cm，喷适度的自来水，移入培养箱中，出苗后改用 Hong-land 营养液培养。生长箱内昼夜温度

为22/18±1℃，相对湿度为70±10%，光强为8000~85000lx，光期12h。

②低温处理——待幼苗长出6~7片叶后，采取整株幼苗1~2g，用自来水冲洗3次，用滤纸吸干水分，放入冰箱，在5℃下放置2h。对每种鉴定材料在生长箱进行不同温度（-1℃，-3℃，-5℃，-7℃，-9℃，-12℃）和不同时间（1、2、3h）处理，至少6次重复。采用控温仪器监控温度，温度波动范围±1℃。低温处理后的幼苗再冻1h后，进行细胞膜相对透性的测定。低温处理的材料，也可采取90d苗龄，同龄，同位、同色的叶片做试验处理。

③相对电导率及拐点温度指标测定——将低温处理的幼苗用去离子水冲洗3次，放入试管中，每管装上5ml无离子水，用玻璃棒压住，真空抽气15min，震荡10min，1h后测定初电导率。细胞膜透性变化用相对电导率表示：

$$K=\frac{K_0}{K_1}\times 100$$

式中，K——相对电导率，%；

K_0——初电导率；

K_1——煮沸电导率。

根据测得的相对电导率，配以Logistic方程，$Y=\frac{K}{1+e^{-bx}}$计算出拐点温度，即组织半致死温度（LT_{50}），表示植物的抗寒力。

7.3 耐热性

羊茅属牧草种质耐热性鉴定的方法和指标可采用田间目

测法和盆栽法。

（1）田间目测法

田间试验地点应选在夏季最高气温为 36℃～40℃的地区进行。在自然条件下最炎热的季节之后，调查植株越夏存活率。在小区中间两行的株行内随机设 1m 样段，4 次重复，调查每一样段内存活株丛数占原有株丛数的百分率，取平均值。

根据越夏率存活率，将植株的耐热性分为 5 级，分级标准如下：

1　强（越夏存活率大于 91%）

3　较强（越夏存活率 76%～90%）

5　中等（越夏存活率 51%～75%）

7　弱（越夏存活率 30%～50%）

9　最弱（越夏存活率小于 30%）

（2）盆栽法

采用苗期盆栽耐热性鉴定。将种子播在装有草炭和蛭石（3∶1）的育苗盘内，育苗盘大小约为 32cm×45cm×15cm，每份种质材料设 3 次重复，每个重复 20～30 株苗，株距 2.5cm，行距 6cm。置于人工气候室内育苗。出苗前温度 25℃，出苗后温度为白天 25～28℃，晚间 15～20℃，每天光照 16h，定期浇水。幼苗生长到 3～4 叶期或分蘖期时，进行高温处理，温度设为 35～40℃，处理到部分鉴定材料出现整株叶片呈现萎蔫枯死时停止处理，处理期间正常浇水。热胁迫结束后，调查幼苗的热害症状，根据热害症状，将鉴定种质材料的抗热性分为 5 级：

1　强（无热害症状或 10%以下的叶变黄）

3　较强（热害症状不明显，10%～30%的叶片变黄）

5　中等（热害症状较为明显，30%～60%的叶片变黄）

7　弱（热害症状极为明显，60%以上叶片变黄，少数叶片萎蔫枯死）

9　最弱（热害症状极为严重，整株叶片萎蔫枯死）

7.4　耐盐性（参考方法）

采用苗期耐盐性鉴定法。

（1）播种及育苗

取大田土壤（非盐碱地）过筛，用无孔塑料花盆（12.5cm×12cm×15.5cm），每盆装大田土1.5kg，装土时，取样测定土壤中含盐及含水量。每盆播种20～30粒种子，出苗后间苗，2叶期之前定苗，每盆保留生长健壮整齐一致的幼苗10株。

（2）盐处理

按照土壤干重的百分比加化学纯NaCl进行盐处理，处理浓度依次为0（CK）、0.6%、0.8%、1.0%、1.2%、1.4%NaCl（分析纯），将盐溶解在一定量的自来水中，使盐处理后的土壤含水率为最大持水量的70%，加等量的自来水作对照，重复3次，即每个处理3个盆。盐处理后及时补充所蒸发的水分，使土壤含水量保持不变。

（3）耐盐性评价鉴定

盐处理30天时结束试验，调查各处理的存活苗数，以相对于对照的百分率表示。根据耐盐性级别标准（参考Díaz de LeónJ等的方法制定）对参试羊茅属牧草种质资源的耐盐性进行鉴定与评价（具体评价标准见表1）。

表 1　羊茅属牧草苗期耐盐性评价标准

浓度	存活率（%）				
	5 分	4 分	3 分	2 分	1 分
0.4%	>90.0	90～65	64.9～35	34.9～20	<20
0.6%	>75.0	75～50	49.9～25	24.9～15	<15
0.8%	>55.0	55～35	34.9～15	14.9～5	<5
1.0%	>35.0	35～20	19.9～5	4.9～3	<3

根据羊茅属牧草在不同盐浓度下得分的总和，可将种质材料的耐盐性分为 5 级：

1　强（总得分>16）

3　较强（总得分 13～16）

5　中等（总得分 9～12）

7　弱（总得分 5～8）

9　最弱（总得分<5）

8　抗病性

8.1　麦角病（*Claviceps purpurea*（Fr.）Tul.）

采用田间目测法。在麦角病发生较严重的季节调查羊茅属牧草植株麦角病的发生情况。同时记载，寄主的生育期及气候条件（温度和湿度）。每个观察材料设 3 次重复（3 个小区），各小区采用 5 点取样法，每点随机调查 40～50 穗，进行病害等级的评价，病情分级标准如下：

病级　　病情

0　　穗上无麦角

1　　穗上有 1～2 个麦角

2　　穗上有 3～5 个麦角

3　　穗上有 6～8 麦角

4　　穗上有 8 个以上麦角

病情指数计算公式为：

$$DI = \frac{\sum (n_i \times S_i)}{4 \times N} \times 100$$

式中，DI——病情指数；

S_i——发病级别；

n——相应发病级别的株数；

i——病情分级的各个级别；

N——调查总株数。

种质材料群体对麦角病的抗性根据田间病情指数分为 5 级，即：

1　高抗（HR）　　$0 < DI \leqslant 5$

3　抗病（R）　　$5 < DI \leqslant 10$

5　中抗（MR）　　$10 < DI \leqslant 20$

7　感病（S）　　$20 < DI \leqslant 30$

9　高感（HS）　　$30 < DI$

8.2　锈病（*Puccinia graminis* Pers.）

羊茅属牧草锈病采用苗期人工接种鉴定法。

（1）鉴定材料的准备

①播种育苗

将羊茅属牧草种子播于装有混合物（土壤：草炭：蛭石=1：1：1）的育苗盘内。每个处理最少要有 3 个重复，每个重复有 30 株材料。在 20～25℃、每天日照 12h 的生长箱或温室中培育试验材料。

②接种体的培养和保存

从感病的羊茅属牧草植株上摇下或刷下新鲜的夏孢子用

来接种，也可用冰箱或液氮中保存的夏孢子作为接种源。夏孢子可在4℃的冰箱中保存几周，但是萌发率会略有下降。夏孢子可在液氮中保存几年，且不会丧失其生活力。为了保证夏孢子的质量，最好用感病的活体植株保存夏孢子。

（2）接种方法

待羊茅属牧草幼苗长至2叶1心期接种病菌。用蒸馏水加吐温（Tween）20配成0.1%水溶液，再用毛笔蘸取夏孢子放入叶温的水溶液中，充分搅匀，即成孢子悬浮液。孢子悬浮液浓度为2×10^5个孢子/ml。接种前将混合后的孢子悬浮液离心20min，以使孢子分散均匀，随后将悬浮液喷在植株上。将接种后的植株保持在相对湿度100%、10℃以下的暗室中保湿24h，以利于病原菌的侵染。也可以将植株放在湿润箱、塑料盒子或塑料袋中保湿。然后移入温室内，在20℃的条件下，每天日照16h。

（3）病害评价

接种后的14～17d就可以进行病害等级的评价。病级分级标准如下：

病级	病情
0	无感病症状
1	夏孢子堆占叶面积1%～5%
2	夏孢子堆占叶面积6%～10%
3	夏孢子堆占叶面积11%～20%
4	夏孢子堆占叶面积20%以上

病情指数计算公式为：

$$DI=\frac{\sum(n_i\times S_i)}{4\times N}\times 100$$

式中，DI——病情指数；

S_i——发病级别；

n——相应发病级别的株数；

i——病情分级的各个级别；

N——调查总株数。

种质材料群体对锈病的抗性根据苗期病情指数分为 5 级，即：

1　高抗（HR）　　$0<DI\leqslant 5$

3　抗病（R）　　$5<DI\leqslant 10$

5　中抗（MR）　　$10<DI\leqslant 20$

7　感病（S）　　$20<DI\leqslant 30$

9　高感（HS）　　$30<DI$

8.3　白粉病（*Erysiphe graminis* DC.）

羊茅属牧草植株白粉病采用苗期人工接种鉴定法。

（1）鉴定材料的准备

①播种育苗

将羊茅属牧草种子播于装有混合物（土壤∶草炭∶蛭石＝1∶1∶1）的育苗盘内。每个处理最少要有 3 个重复，每个重复有 30 株材料。在 20～25℃、每天日照 12h 的生长箱或温室中培育试验材料。

②接种体的培养和保存

从感病的羊茅属牧草植株上采集闭囊壳，放入 2～5℃冰箱中保存，也可在温室内活体植株上保存病菌。

（2）接种方法

待羊茅属牧草长至 2 叶 1 心期接种病菌。从田间自然发病的植株上采集分生孢子。用毛笔刷取叶片上长出的新鲜孢子，然后放入盛有无菌水的烧杯中，再滴加 Tween-20（每100ml 加入 2 滴 Tween 20），搅拌均匀即得孢子悬浮液。用血球计数板计数分生孢子数。接种浓度为 1.6～3×10^5 个孢子/ml。采用喷雾接种法。用小型手持喷雾器将上述接种液均匀地喷于植物叶片上。接种后置于 19℃温室内黑暗保湿16h。后转入 18～25℃温室内进行正常管理。

（3）病害评价

接种后 10d 调查发病情况。记录病株数及病级。病情分级标准如下：

病级	病情
0	无病症
1	病斑面积占叶面积的 1/3 以下，白粉模糊不清
2	病斑面积占叶面积的 1/3～2/3，白粉较为明显
3	白粉层浓厚，叶片开始变黄、坏死
4	叶片坏死斑面积占叶面积的 2/3 以上

计算计算病情指数，公式为：

$$DI=\frac{\sum(n_i \times S_i)}{4 \times N} \times 100$$

式中，DI——病情指数；

S_i——发病级别；

n——相应发病级别的株数；

i——病情分级的各个级别；

N——调查总株数。

羊茅属牧草种质材料群体对白粉病的抗性依苗期病情指数分 5 级。

1 高抗（HR） $0<DI\leqslant 25$

3 抗病（R） $25<DI\leqslant 45$

5 中抗（MR） $45<DI\leqslant 65$

7 感病（S） $65<DI\leqslant 80$

9 高感（HS） $80<DI$

8.4 黑粉病（*Ustilago striiformes*（Westend.）Niessl）

采用田间目测法。在黑粉病发生较严重的季节调查羊茅属牧草植株黑粉病的发生情况。同时记载，寄主的生育期及气候条件（温度和湿度）。每个观察材料设 3 次重复（3 个小区），各小区采用 5 点取样法，每点随机调查 40～50 分蘖枝，进行病害等级的评价，病情分级标准如下：

病级	病情
0	植株上无黑粉孢子
1	黑粉孢子堆占分蘖枝的 10%以下
2	黑粉孢子堆占分蘖枝的 10%～30%
3	黑粉孢子堆占分蘖枝的 31%～50%
4	黑粉孢子堆占分蘖枝的 50%以上

病情指数计算公式为：

$$DI=\frac{\sum(n_i\times S_i)}{4\times N}\times 100$$

式中，DI——病情指数；

S_i——发病级别；

n——相应发病级别的株数；

i——病情分级的各个级别；

N——调查总株数。

种质材料群体对黑粉病的抗性根据田间病情指数分为 5

级，即：

1 高抗（HR） $0<DI\leqslant10$

3 抗病（R） $10<DI\leqslant20$

5 中抗（MR） $20<DI\leqslant30$

7 感病（S） $30<DI\leqslant40$

9 高感（HS） $40<DI$

8.5 禾草斑枯病（*Septoria avenae* Frank）

采用田间目测法。在禾草斑枯病发生较严重的季节调查羊茅属牧草植株斑枯病的发生情况。同时记载，寄主的生育期及气候条件（温度和湿度）。每个观察材料设 3 次重复（3 个小区），各小区采用 5 点取样法，每点随机调查 30～40 株，进行病害等级的评价，病级分级标准如下：

病级 病情

0 叶片上无病斑

1 叶片上出现小的病斑，病斑占叶面积 5%以下

2 叶片上病斑占叶面积在 5%～15%

3 叶片上病斑占叶面积在 15%～30%

4 叶片上病斑占叶面积在 30%以上。

病情指数计算公式为：

$$DI=\frac{\sum(n_i\times S_i)}{4\times N}\times100$$

式中，DI——病情指数；

S_i——发病级别；

n——相应发病级别的株数；

i——病情分级的各个级别；

N——调查总株数。

羊茅属牧草种质材料群体对禾草斑枯病的抗性根据田间病情指数分为5级，即：

1　高抗（HR）　$0<DI\leqslant 5$

2　抗病（R）　$5<DI\leqslant 10$

3　中抗（MH）　$10<DI\leqslant 20$

4　感病（S）　$20<DI\leqslant 30$

5　高感（HS）　$30<DI$

8.6　禾草全蚀病（*Gaeumannomyces graminis*）

禾草全蚀病采用苗期人工接种鉴定法。

（1）接种体的培养和保存

病菌在PDA培养基上培养8～10d，然后挑取菌种接种在灭过菌的玉米粉沙培养基中，25℃培养20d左右，晾干备用。

（2）播种育苗与接种

采用改良的Penrose人工接种法。在播种盘内先装入混合沙土，将玉米粉沙培养基培养扩繁后的菌种平铺于沙土层，然后将消毒后的种子（用0.1%升汞溶液消毒）播入播种盘中，用带菌土覆盖，每个处理3个重复，每盘30株，置于16～18℃下培养。

（3）病害评价

接种后1个月调查病害的发生情况，记录病株数及病级。病情分级标准如下：

病级	病情
0	无病
1	变黑根面积占根总面积的10%以下
2	变黑根面积占根总面积的10%～20%

3　　　变黑根面积占根总面积的21%～30%以下

4　　　变黑根面积占根总面积的30%以上

计算计算病情指数，公式为：

$$DI = \frac{\sum(n_i \times S_i)}{4 \times N} \times 100$$

式中，DI——病情指数；

S_i——发病级别；

n_i——相应发病级别的株数；

i——病情分级的各个级别；

N——调查总株数。

羊茅属牧草种质材料群体对禾草全蚀病的抗性依苗期病情指数分5级。

1　高抗（HR）　　$0<DI\leqslant 10$

2　抗病（R）　　$10<DI\leqslant 20$

3　中抗（MR）　　$20<DI\leqslant 35$

4　感病（S）　　$35<DI\leqslant 50$

5　高感（HS）　　$50<DI$

9　其他特征特性

9.1　染色体倍数

细胞染色体镜检是鉴别羊茅属牧草种质资源染色体倍性的主要方法，在染色体镜检中，多采用挤压法，所用染色剂多为醋酸系列染色剂；样品选取，一般选择细胞分裂旺盛、组织幼嫩的部位，例如，根尖和胚根、幼叶等。

根尖和幼叶的染色体镜检步骤如下：

待羊茅属牧草种子萌发后幼根长至1cm左右时，从其尖端取一段作为样品。在醋酸乙醇固定剂中固定 0.5h 以上，移入软化剂（醋酸、盐酸、硫酸软化剂）中软化 3～5min（见样品由白色变为半透明为止），将样品自软化剂中取出，放到载玻片上，加上盖玻片，并在盖玻片上加压，将样品压薄，再用针尖将盖玻片挑开一个缝隙，用滴管沿缝隙加一滴染色剂（1%醋酸地衣红或 1%醋酸酚蓝），染色 3min 后将针取去，挤去多余的染色剂，进行镜检，挑选处于四分体阶段的小孢子母细胞进行染色体计数，即可确定该样品染色体倍性。

1　二倍体

2　四倍体

3　六倍体

4　八倍体

5　十倍体

9.2　核型

采用细胞学方法对染色体的数目、大小、形态和结构进行鉴定。以核型公式表示，如，2n=6x=42

9.3　指纹图谱与分子标记

对进行过指纹图谱分析或重要性状分子标记的羊茅属牧草种质，记录指纹图谱或分子标记的方法，并注明所用引物、特征带的分子大小或序列以及标记的性状和连锁距离。

9.4　种质保存类型

羊茅属牧草种质保存类型包括以下 4 类。

1　种子

2　植株

3　花粉

4 DNA

9.5 实物状态

以种子形式保存的羊茅属牧草种质根据发芽率确定其质量状况；以DNA形式保存的种质根据其完整性确定其质量状况；以其他形式保存的种质根据样本的新鲜程度确定其质量状况。

1 好（种子发芽率＞90％；样本完整或新鲜）

2 中（种子发芽率为60％～90％；样本虽不很完整或新鲜，但具有生活力）

3 差（种子发芽率＜60％；样本不完整或陈旧）

9.6 种质用途

羊茅属牧草种质有多种用途，主要用途可分为如下3类。

1 饲用（家畜或野生动物的饲草料）

2 遗传育种（作物和牧草育种材料）

3 坪用（用于草坪绿化）

9.7 备注

羊茅属牧草种质特殊描述符或特殊代码的具体说明。

六、羊茅属牧草种质资源数据采集表

1　基本信息

全国统一编号（1）		种质库编号（2）	
种质圃编号（3）		引种号（4）	
采集号（5）		种质名称（6）	
种质外文名（7）		科名（8）	
属名（9）		学名（10）	
原产国（11）		原产省（12）	
原产地（13）		海拔（14）	m
经度（15）		纬度（16）	
来源地（17）		保存单位（18）	
保存单位编号（19）		系谱（20）	
选育单位（21）		育成年份（22）	
选育方法（23）			
种质类型（24）	1：野生资源　2：地方品种　3：选育品种　4：品系　5：遗传材料　6：其他		
图象（25）		观测地点（26）	

2　形态特征和生物学特性

根系入土深度（27）	cm	分蘖类型（28）	1：密丛型 2：疏丛型
变态茎（29）	0：无　1：短根茎	茎秆形态（30）	1：直立 2：基部倾斜

六、羊茅属牧草种质资源数据采集表

（续）

叶舌质地（31）	1：膜质 2：革质	叶舌被毛（32）	0：无　1：有
叶舌形状（33）	1：截平 2：披针形 3：折叠状	叶舌长度（34）	mm
叶耳被毛（35）	0：无　1：有	叶耳形态（36）	1：镰状弯曲 2：向上直伸
叶鞘与节间比（37）	1：短于节间 2：长于节间	叶鞘开合状态（38）	1：开裂 2：闭合
叶鞘被毛（39）	0：无　1：有	叶片形状（40）	1：细条形 2：条形 3：条状披针形 4：针状
叶片形态（41）	1:扁平　2:对折　3:纵卷	叶片被毛（42）	0：无 1：有
叶片长度（43）	cm	叶片宽度（44）	mm
叶片颜色（45）	1：黄绿色　2：绿色　3：深绿色	花序松紧度（46）	1：疏松 2：紧实
花序形态（47）	1：狭窄呈总状　2：紧实呈穗状　3：疏松开展	花序分枝（48）	1：单生 2：孪生 3：2 枚以上
花序长度（49）	cm	花序宽度（50）	mm
小穗轴节间长（51）	mm	小穗轴质地（52）	1：平滑 2：微粗糙 3：粗糙
小穗长（53）	mm	小穗宽（54）	mm
小穗颜色（55）	1：银白色　2：绿色　3：褐色　4：紫色	小花数（56）	枚/小穗
颖形状（57）	1：窄披针形 2：披针形 3：宽披针形 4：卵圆形	颖先端形态（58）	1：稍钝 2：渐尖 3：长尖

（续）

颖长度（59）	mm	颖宽度（60）	mm
颖脉数（62）	条	颖被毛（63）	0：无 1：有
颖片边缘形态（63）	1：膜质 2：具纤毛	外稃先端形态（64）	1：钝 2：锐尖 3：渐尖 4：尖头 5：具芒
外稃顶端芒（65）	0：无 1：有	外稃顶裂齿（66）	0：无 1：有
外稃芒长度（67）	mm	外稃质地（68）	1：光滑 2：粗糙
外稃被毛（69）	0：无 1：有	外稃长度（70）	mm
内外稃长度比（71）	1：等长 2：内稃稍短于外稃	内稃先端形态（72）	1：2裂 2：微2裂 3：微凹
子房顶端被毛（74）	0：无 1：有	花药长度（74）	mm
颖果颜色（75）	1：黄色 2：紫褐色	颖果形状（76）	1：长圆形 2：条形
颖果着生位置（77）	1：与内稃分离 2：附着于内稃	颖果长度（78）	mm
颖果宽度（79）	mm	形态一致性（80）	1：一致 2：不一致
播种期（81）		出苗期（82）	
返青期（83）		分蘖期（84）	
拔节期（85）		抽穗期（86）	
开花期（87）		乳熟期（88）	
蜡熟期（89）		完熟期（90）	
果后营养期（91）		枯黄期（92）	
分蘖数（93）	个	叶层高度（94）	mm
植株高度（95）	cm	生育天数（96）	d
熟性（97）	1：早熟 2：晚熟	生长天数（98）	d

六、羊茅属牧草种质资源数据采集表

（续）

再生性（99）	cm/d	结实率（100）	%
落粒性（101）	1：不脱落 2：少量脱落 3：脱落	茎叶比（102）	1∶X
鲜草产量（103）	kg/hm^2	干草产量（104）	kg/hm^2
干鲜比（105）	1∶X	单株干重（106）	g/株
种子产量（107）	kg/hm^2	株龄（108）	a
千粒重（109）	g	发芽势（110）	%
发芽率（111）	%	种子生活力（112）	%
种子检测时间（113）			

3　品质特性

水分含量（115）	%	粗蛋白质含量（116）	%
粗脂肪含量（117）	%	粗纤维含量（118）	%
无氮浸出物含量（119）	%	粗灰分含量（120）	%
磷含量（121）	%	钙含量（122）	%
天门冬氨酸含量（123）	%	苏氨酸含量（124）	%
丝氨酸含量（125）	%	谷氨酸含量（126）	%
脯氨酸含量（127）	%	甘氨酸含量（128）	%
丙氨酸含量（129）	%	缬氨酸含量（130）	%
胱氨酸含量（131）	%	蛋氨酸含量（132）	%
异亮氨酸含量（133）	%	亮氨酸含量（134）	%
酪氨酸含量（135）	%	苯丙氨酸含量（136）	%
赖氨酸含量（137）	%	组氨酸含量（138）	%
精氨酸含量（139）	%	色氨酸含量（140）	%

（续）

中性洗涤纤维含量（141）	%	酸性洗涤纤维含量（142）	%
样品分析单位（143）		茎叶质地（144）	1：柔软 2：中等 3：粗硬
适口性（145）	1：喜食　2：乐食　3：采食		
病侵害度（146）	1：无　3：轻微　5：中等　7：严重　9：极严重		
虫侵害度（147）	1：无　3：轻微　5：中等　7：严重　9：极严重		
4　抗逆性			
抗旱性（148）	1：强　3：较强　5：中等　7：弱　9：最弱		
抗寒性（149）	1：强　3：较强　5：中等　7：弱　9：最弱		
耐热性（150）	1：强　3：较强　5：中等　7：弱　9：最弱		
耐盐性（151）	1：强　3：较强　5：中等　7：弱　9：最弱		
5　抗病性			
麦角病抗性（152）	1：高抗　3：抗病　5：中抗　7：感病　9：高感		
锈病抗性（153）	1：高抗　3：抗病　5：中抗　7：感病　9：高感		
白粉病抗性（154）	1：高抗　3：抗病　5：中抗　7：感病　9：高感		
黑粉病抗性（155）	1：高抗　3：抗病　5：中抗　7：感病　9：高感		
禾草斑枯病抗性（156）	1：高抗　3：抗病　5：中抗　7：感病　9：高感		
全蚀病抗性（157）	1：高抗　3：抗病　5：中抗　7：感病　9：高感		
6　其他特征特性			
染色体倍数（158）	1：二倍体　2：四倍体　3：六倍体　4：八倍体　5：十倍体		
核型（159）		指纹图谱与分子标记（160）	
种质保存类型（161）	1：种子　2：植株　3：花粉　4：DNA		
实物状态（162）	1：好　2：中　3：差		
种质用途（163）	1：饲用　2：育种材料　3：坪用		
备注（164）			

填表人：　　　　　　　　审核：　　　　　　　　日期：

七、羊茅属牧草种质资源利用情况报告格式

1 种质利用概况

当年提供利用的种质类型、份数、份次、用户数等。

2 种质利用效果及效益

包括当年和往年提供利用后育成的品种、品系、创新材料、生物技术利用、环境生态，开发创收等社会经济和生态效益。

3 种质利用存在的问题和经验

重视程度，组织管理、资源研究等。

八、羊茅属牧草种质资源利用情况登记表

<table>
<tr><td>种质名称</td><td colspan="5"></td></tr>
<tr><td>提供单位</td><td></td><td>提供日期</td><td></td><td>提供数量</td><td>克　粒</td></tr>
<tr><td>提供种质
类　　型</td><td colspan="5">地方品种□　育成品种□　高代品系□　国外引进品种□　野生种□　近缘植物□　遗传材料□　突变体□　其他□</td></tr>
<tr><td>提供种质
形　　态</td><td colspan="5">植株（苗）□　果实□　籽粒□　根□茎（插条）□　叶□　芽□　花（粉）□　组织□　细胞□　DNA□　其他□</td></tr>
<tr><td colspan="3">已编入国家资源目录□　　国家统一编号：</td><td colspan="3">未编入国家资源目录□</td></tr>
<tr><td colspan="3">已入国家种质资源库圃□　　库圃位编号：</td><td colspan="3">未入国家种质资源库圃□</td></tr>
<tr><td colspan="3">已入各作物或省(市、区)中期库□　中期库位编号：</td><td colspan="3">未入中期库□</td></tr>
<tr><td colspan="6">提供种质的优异性状及利用价值：</td></tr>
<tr><td>利用单位</td><td colspan="2"></td><td>利用时间</td><td colspan="2"></td></tr>
<tr><td>利用目的</td><td colspan="5"></td></tr>
<tr><td colspan="6">利用途径：</td></tr>
<tr><td colspan="6">取得实际利用效果：</td></tr>
</table>

种质利用单位盖章　　　　种质利用者签名：

年　　月　　日

参 考 文 献

[1] 陈默君，贾慎修．中国饲用植物［M］．北京：中国农业出版社，2002.

[2] 陈宝书．牧草饲料作物栽培学［M］．北京：中国农业出版社，2001.

[3] 中国科学院中国植物志编辑委员会．中国植物志［M］．第十卷第一分册．北京：科学出版社，1990.

[4] 张祖新，郑巧兰，王文丽，杨淑华．草坪病虫草害的发生及防治［M］．北京：中国农业科技出版社，1997.

[5] 中国科学院中国植物志编辑委员会．中国植物志［M］．第九卷第二分册．北京：科学出版社，2002.